앞서 나가는
10대를 위한

빅데이터

Big Data: Information in the Digital World with Science Activities for Kids
by Carla Mooney and Alexis Cornell

Copyright © 2018 by Nomad Press
All rights reserved including the right of reproduction in whole or in part in any form.
Korean edition published by arrangement with Susan Schulman A Literary Agency, New York through Duran Kim Agency.

앞서 나가는
10대를 위한
빅데이터

지은이 · 카를라 무니   그린이 · 알렉시스 코넬   옮긴이 · 이다윤

일러두기

>> 장별로 본문 시작 전 왼쪽 면에 🔍 **중요 단어와 인물** 이 나온다. 빅데이터는 물론 내용 이해에 꼭 필요한 단어들과 빅데이터 발전에 크게 기여한 과학자들을 함께 소개한다.

>> 🔍 **중요 단어와 인물** 은 수록 순서대로 소개되며, 각 단어의 앞에는 해당 단어의 **쪽수**가 있다.

>> 🔍 **중요 단어와 인물** 은 본문에 고딕으로 강조돼 있다. 중요 단어의 위치가 본문이 아닐 경우에도 글씨 색깔을 달리한다거나 굵게 표시함으로써 구별했다.

>> 각 장의 첫머리마다 빅데이터 개념 이해를 도와주는 🌱 **생각을 키우자!** 가 있다. 🌱 **생각을 키우자!** 를 꼭 곰곰이 생각하며 읽어라. 🌱 **생각을 키우자!** 는 각 장을 모두 읽고 난 뒤에 또다시 등장한다. 한 장을 다 읽었다면 공학자 공책에 🌱 **생각을 키우자!** 관련 자신의 생각을 기록해 보자. 공학자 공책 관련 내용은 13쪽을 참고하라.

>> 모든 장의 끄트머리에는 다양한 실험으로 이론을 직접 체험해 볼 수 있는 **탐·구·활·동** 이 있다.

차례

책에 인용된 자료의 출처가 궁금하다면?

아래의 돋보기 아이콘을 찾아라. 스마트폰이나 태블릿 앱으로 QR 코드를 스캔해서 자세한 내용을 확인할 수 있다! 사진이나 동영상은 어떤 일이 일어난 순간의 모습을 포착해주기 때문에 중요한 자료가 될 수 있다.

 QR 코드가 동작하지 않는다면 '자료 출처' 페이지의 URL 목록을 참고하라. 아니면 QR 코드 아래 키워드를 직접 검색해 도움이 될 만한 다른 자료를 찾아보라. 타임북스 포스트 '앞서 나가는 10대를 위한 빅데이터'에서도 모든 자료를 확인할 수 있다.

🔍 타임북스 포스트

1085년 영국 노르만 왕조의 제1대 왕이자 정복왕 윌리엄이 토지대장인 둠즈데이 북의 편찬을 지시함.
* 둠즈데이 북은 1085년부터 조사를 시작해 1086년에 일부 완성됐다.

1820년 프랑스 발명가 샤를 그자비에가 최초의 가산기인 계수기를 발명함.

1833년 찰스 배비지가 새로운 형태의 계산기인 해석기관을 설계함. 해석기관은 이후 세계 최초의 프로그래머인 에이다 러브레이스에 의해 발전함.

1874년 '레밍턴 타자기' 회사가 최초의 상업용 타자기를 생산 판매함.

1887년 미국 발명가 도르 펠트가 키로 조작하는 기계식 계산기 '컴프토미터'의 특허를 받아 상업적으로 성공함.

1890년 윌리엄 버로스가 출력하는 가산기의 특허를 얻음.

1890년 허만 홀러리스가 만든 천공 카드 시스템이 같은 해 인구 조사 결과를 표로 작성함.

1896년 허만 홀러리스가 '태블레이팅머신컴퍼니'를 설립함. 이 회사는 이후 인수 합병 과정을 거쳐 오늘날의 IBM으로 발전함.

1936년 미국 정부는 IBM으로부터 천공 카드 기계를 400대 이상 주문하여 사회보장 프로그램에 사용함.

1945년 존 모클리와 존 프레스퍼 에커트가 전자식 컴퓨터 '에니악'을 개발함.

1947년 벨 연구소의 윌리엄 쇼클리, 존 바딘, 월터 브래튼이 '트랜지스터'를 발명함.

1952년 존 폰 노이만이 개발한 '유니박'이 드와이트 아이젠하워의 대통령 후보의 승리를 예측함.

1953년 미국의 컴퓨터 과학자 겸 해군 제독인 그레이스 호퍼가 최초의 컴퓨터 언어 '코볼'을 개발함.

1958년   잭 킬비와 로버트 노이스가 '집적 회로'를 만듦.

1969년   다양한 종류의 컴퓨터를 연결한 최초의 대규모 범용 컴퓨터 네트워크 '아르 파넷'의 등장.

1971년   IBM의 엔지니어들이 컴퓨터 간에 데이터를 공유할 수 있는 '플로피 디스크' 를 발명함.

1981년   IBM이 첫 개인용 컴퓨터를 발표함.

1984년   필립스가 미리 만들어진 데이터를 저장하는 '시디롬'을 소개함.

1991년   영국의 컴퓨터 과학자, 팀 존 버너스-리가 인터넷상에서 문서와 웹페이지 를 작성, 구성, 연결하는 시스템인 '월드와이드웹www'을 개발함.

1996년   세르게이 브린과 래리 페이지가 스탠퍼드대학교에서 구글의 '검색 엔진'을 개발함.

2000년   데이터를 저장하고 컴퓨터와 다른 장치 간의 파일 전송에 쓰이는 'USB 플래 시 드라이브' 개발.

2003년   '블루레이 디스크'가 출시됨.

2004년   소셜 미디어 사이트 '페이스북' 등장.

2007년   데이터 저장 및 파일에 액세스하는 클라우드 기반 서비스 '드롭박스' 등장.

2009년   신종 인플루엔자 바이러스의 확산 경로를 예측하는 미국 질병통제예방센 터를 돕기 위해 구글이 '검색 쿼리'로 '독감' 검색어 사용 빈도를 조사함.

2011년   애플이 아이폰4S 스마트폰을 출시하며 인간의 언어를 이해하고 처리하는 음성 인식 서비스 '시리'를 소개함.

2017년   2017년 4분기에 발표된 페이스북의 실제 사용자 수는 22억 명을 기록함.

9쪽   **데이터(data):** 실험이나 관찰, 여러 조사를 통해 얻은 정보. 또는 컴퓨터가 처리할 수 있는 문자, 숫자 같은 형태로 된 정보.

9쪽   **디지털(digital):** 데이터를 숫자로 나타내는 방식.

9쪽   **빅데이터(big data):** 규모가 매우 크고, 복잡한 데이터의 집합.

10쪽   **공학자(engineer):** 수학, 과학, 창의력 등으로 문제를 해결하는 사람.

10쪽   **정량 데이터(quantitative data):** 숫자로 세거나 측정하는 데이터. 양적 자료라고도 한다.

10쪽   **정성 데이터(qualitative data):** 문자나 기호 등으로 표현되는 데이터. 질적 자료라고도 한다.

10쪽   **비영리 단체(nonprofit):** 인권, 환경, 동물 보호 같은 공익 목적을 가지고 기부금으로 운영되는 단체.

10쪽   **사회 복지 프로그램(social service program):** 사회 보장을 위해 만들어진 프로그램.

10쪽   **인구 조사(census):** 인구수를 파악하고 기록하는 일.

10쪽   **조세(tax):** 국가 또는 지방 공공 단체가 필요한 경비를 사용하기 위해 국민이나 주민으로부터 거두어들이는 돈.

10쪽   **도시(urban):** 정치 · 경제 · 문화의 중심지. 사람이 많이 사는 지역.

10쪽   **웨어러블(wearable):** 옷이나 장신구처럼 착용할 수 있는 전자 기기.

11쪽   **인포그래픽(infographic):** 정보, 데이터, 지식을 시각적으로 표현한 것. 정보를 빠르고 쉽게 표현하기 위해 사용된다. 표지판, 지도 등이 대표적이다.

12쪽   **구글(Google):** 인터넷 검색, 클라우드 컴퓨팅, 인터넷 광고 서비스를 제공하는 미국 기업.

13쪽   **프로토타입(prototype):** 공학자가 자신의 설계를 확인하기 위해 시험 삼아 생산한 제품.

빅데이터는 무엇일까?

"데이터를 모아야 한다", "데이터를 분석해야 한다"며 여기저기서 데이터 이야기가 쏟아진다. 기업은 상품을 팔기 위해, 정부는 행정 계획을 짜기 위해 데이터를 모아서 분석하고, 연구소는 각종 실험을 통해 데이터를 만든다는데…. 도대체 데이터가 무엇이기에 이럴까?

데이터는 한마디로 작은 정보 조각들의 모음이다. 물건을 센 뒤 적어 둔 숫자나 생각을 정리한 메모도 데이터라고 부를 수 있다. 컴퓨터가 등장한 이후 데이터의 생성 속도는 상상을 초월할 정도로 빨라졌다. 이미 쌓인 **디지털** 데이터양도 엄청난데, 눈 한 번 깜박할 사이에 어마어마한 양의 데이터가 새롭게 생겨난다. 이 덕분에 오늘날 우리는 이전까지 상상조차 할 수 없었을 만큼 많은 양의 데이터로 둘러쌓여 살고 있다. 이를 일컬어 **빅데이터**의 시대라고도 말한다.

🌱 **생각을 키우자!**

일상생활에서 우리는 어떤 데이터를 만들까?

⚙ 데이터는 어디에서 만들어질까?

'데이터'라는 단어를 들으면 어떤 모습이 떠오르는가? 사람에 따라 하얀 가운을 입고 실험중인 과학자의 모습이 생각날 수 있고, 모니터를 바라보며 개발 중인 컴퓨터 **공학자**가 떠오를 수도 있다. 뉴스나 영화 속에 등장하는 인물 중 어려운 실험 끝에 얻어 낸 데이터 결과를 전문 용어로 설명하는 멋진 모습의 과학자 말이다. 뭐, 썩 틀린 모습은 아니다. 당연히 과학자들도 연구 결과를 기록함으로써 **정량 데이터**나 **정성 데이터** 같은 데이터를 만들어 낸다. 하지만 그렇다고 해서 모든 데이터가 실험실에서만 만들어진다고 오해해서는 안 된다.

> ❝ 데이터는 과학 실험실에서만 만들어지는 것이 아니다! ❞

데이터는 매우 다양한 곳에서 만들어지고 그 각각의 목표를 이루기 위해 쓰이고 있다. 이를테면, 병원은 환자가 앓고 있는 질병에 대한 증상과 치료법을 데이터로 만들고 기업은 보다 나은 상품 개발과 고객 확보를 위해 다양한 데이터를 만든다. 학교나 자체 공익을 목적으로 하는 **비영리 단체** 같은 기관들에서도 목적에 맞게 데이터를 생성한다. **사회 복지 프로그램** 역시 복지 데이터를 구축하기에 무료 급식, 노인 교육 프로그램을 운영할 수 있는 것이다. 더 나아가 정부는 행정 활동을 데이터로 기록한다. **인구 조사** 결과로 인구 데이터를, 조세 활동으로 세금 데이터를 만드는 식이다.

알고 보면 수천 년 전부터 인류는 데이터를 만들어 왔다. 그 예로 고대 로마 제국은 데이터를 이용해 세금을 걷었다. 고대 로마 제국에서는 로마인이 총 몇 명인지 모조리 세서 인구 조사를 했다. 이렇게 만들어진 데이터를 바탕으로 조세 계획도 짜고, 세금도 걷었다. 고대 로마 제국과 비교해 오늘날 다른 점이 있다면 그때는 일부러 데이터를 만들어야 했지만 오늘날의 데이터는 평범한 일상에서도 끝없이 생겨난다는 점이다.

 알·고·있·나·요·?

매사추세츠 공과대학교(MIT)의 연구자들은 **도시** 계획을 세우기 위해 스마트폰 데이터를 활용했다. 사람들이 가는 장소, 사용하는 앱 등을 살펴본 뒤 신호등, 건물 및 주차장과 같은 공공시설을 지을 만한 가장 효율적인 장소를 찾아냈다.

오늘날에는 데이터를 만들지 않을 방법이 없다. 생각해 보라. 물건을 사면 소비 패턴에 대한 데이터가, 음악을 들으면 음악 취향에 대한 데이터가 만들어진다. 컴퓨터, 스마트폰뿐만 아니라 손목시계 형태의 **웨어러블** 제품까지 웹사이트 방문 기록은 물론 위치 정보, 주고받는 문자를 모두 자동으로 기록하고 저장한다. 말 그대로 데이터가 끊임없이 생겨나는 셈이다.

⚙️ 끝없이 늘어나는 데이터

　데이터를 잘 들여다보면 지금 우리가 사는 세상이 어떤 모습인지 알 수 있다. 데이터는 우리 삶을 완전히 바꿀 만한 획기적인 제품과 서비스 개발에 도움을 주고 있다. 이로써 경제적 이득을 가져다 주기도 한다. 이에 사람들은 저마다 다른 이유로 데이터를 활용하기 시작했다. 이와 함께 우리의 일상에서 컴퓨터의 역할이 커지면서 필연적으로 컴퓨터가 처리해야 하는 데이터의 크기도 함께 늘어났다.

> 💬 적절하게 관리하고 활용한다면 데이터는 무척 유용한 도구다. 💬

　그러던 중 매일매일 쏟아지는 어마어마한 데이터로 인해 이제껏 상상하지도 못한 문제가 일어났다. 이토록 많고 끝없이 커져만 가는 데이터를 대체 어디에 저장해야 할지의 문제였다. 컴퓨터 공학자들은 데이터 저장 공간을 찾느라 끙끙 앓았고 기업은 앞다퉈 커다란 창고를 짓더니 내부를 수없이 많은 컴퓨터로 채워 넣었다. 창고 안의 컴퓨터들이 하는 일은 오직 하나였다. 바로 데이터를 저장하는 것이었다. 문제는 이 같은 방법이 돈도 엄청 많이 들고 효율적이지도 않다는 사실이었다. 다행히 기술 발전과 함께 데이터 저장 방식에도 변화가 찾아 왔다. 그것도 엄청난 변화말이다. 이제 우리는 원하는 만큼, 무한에 가깝게 데이터를 저장할 수 있다.

 알·고·있·나·요·?

미국 최대 소매 유통업체인 월마트에서는 1시간마다 100만 명이 넘는 고객들이 물건을 산다. 이때 발생하는 구매 데이터는 모두 데이터베이스에 보관된다.

디지털 데이터의 양

미국의 소프트웨어 기업 DOMO는 2017년 **인포그래픽** 자료 '데이터는 잠들지 않는다(Data Never Sleeps)'를 발표했다. 이 자료로 오늘날 같은 디지털 환경에서 만들어지는 데이터의 양을 가늠해 볼 수 있다. 아래는 1분 동안 생성되는 데이터의 어마어마한 양이다.

PS 인포그래픽 자료를 더 찾아보자!

🔍 DOMO 데이터는 잠들지 않는다 5.0

- 날씨 채널(앱) 검색: 1,805,555,556회
- 구글 검색: 3,607,080회
- 인스타그램 사진 게재: 46,740회

- 문자 메시지 발송: 15,220,700회
- 유튜브 동영상 재생: 4,146,600회
- 트위터 글 게재: 456,000회

그렇다고 고민이 모두 해결된 것은 아니다. 저장 문제가 해결되자 또 다른 고민이 시작됐다. 이를테면, 무한에 가까운 데이터 저장은 무조건 좋기만 한 것일까? 또다시 생각지도 못했던 문제가 일어나지는 않을까? 등의 문제가 있다. 고민은 여기서 멈추지 않았고 꼬리에 꼬리를 물고 이어졌다. 과연 모든 데이터를 저장해야 하는 것일까? 단지 가능하다는 이유만으로 쓸모없는 데이터까지 저장하고 있는 것은 아닐까? 데이터를 구성해서 유용한 정보를 만드는 방법뿐만 아니라 개인 정보를 지키고 해커로부터의 공격을 막아 내는 문제 또한 여전히 골칫거리로 남아 있으니까 말이다.

그럼 이제부터 컴퓨터와 데이터가 어떻게 우리의 삶을 바꿔 왔는지, 우리가 어떻게 컴퓨터와 데이터를 발전시켜 왔는지 한번 알아보자! 데이터 저장 매체가 종이에서 컴퓨터로 변해 가는 과정과 **구글** 같은 검색 엔진이 데이터를 처리하는 방법도 함께 살펴볼 예정이다. 이 책을 다 읽고 나면 데이터 관리와 빅데이터가 사회 여러 분야에 미친 영향까지 알 수 있을 것이다.

생각을 키우자!

데이터가 우리에게 미치는 영향은 무엇일까?

공학자처럼 생각하기

공학자들은 누구나 공책 한 권을 들고 다닌다. 각종 아이디어와 단계별 할 일을 기록하기 위해서다. 우리도 공책을 꺼내 들고 공학자처럼 탐구 활동을 해 보자. 공책에 알아낸 사실과 정보, 문제 해결 방법을 차근차근 적으면 된다. 아래 공학 설계 과정을 살짝 참고해도 좋지만 똑같은 단계를 밟으려 일부러 애쓸 필요는 없다. 이 책의 '탐구 활동'에는 정해진 답도, 정해진 방법도 없으니까 말이다. 마음껏 창의력을 발휘하고 즐기면 그만이다.

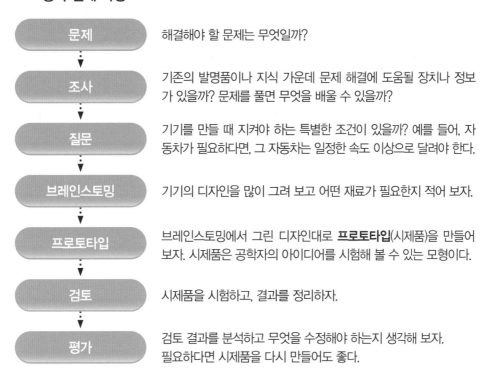

공학 설계 과정

문제 — 해결해야 할 문제는 무엇일까?

조사 — 기존의 발명품이나 지식 가운데 문제 해결에 도움될 장치나 정보가 있을까? 문제를 풀면 무엇을 배울 수 있을까?

질문 — 기기를 만들 때 지켜야 하는 특별한 조건이 있을까? 예를 들어, 자동차가 필요하다면, 그 자동차는 일정한 속도 이상으로 달려야 한다.

브레인스토밍 — 기기의 디자인을 많이 그려 보고 어떤 재료가 필요한지 적어 보자.

프로토타입 — 브레인스토밍에서 그린 디자인대로 **프로토타입**(시제품)을 만들어 보자. 시제품은 공학자의 아이디어를 시험해 볼 수 있는 모형이다.

검토 — 시제품을 시험하고, 결과를 정리하자.

평가 — 검토 결과를 분석하고 무엇을 수정해야 하는지 생각해 보자. 필요하다면 시제품을 다시 만들어도 좋다.

이 같은 활동을 기록하는 공책을 앞으로 '공학자 공책'이라고 부르겠다. 공학자 공책에 본문 첫머리와 마지막에 반복해서 나오는 '생각을 키우자'에 대한 자신의 생각을 꼭 적어 보자.

어디에서 데이터를 찾을까?

데이터는 언제나 우리 곁에 있다. 우리가 매일매일 데이터를 만들어 내기 때문이다. 집에서 밥 먹고, 학교에서 공부하고, 친구와 놀 때 말이다. 지금 우리 주변의 데이터를 모아 실제로 문제 해결에 도움이 되는 정보를 만들어 보자.

1〉 **친구 또는 가족과 함께하자.** 혼자보다는 둘이, 둘보다는 셋이 더 좋다. 데이터 수집 장소를 함께 브레인스토밍 해 보자. 잘 떠오르지 않는다면 아래 질문을 읽어 보자.
  ① 스마트폰에는 어떤 사용자 데이터가 있을까?
  ② 생활 계획표에는 평소 생활에 대한 데이터가 있지 않을까?
  ③ 컴퓨터 사용 기록에서 어떤 재미있는 데이터를 찾을 수 있을까?
  ④ 소셜 미디어에도 데이터가 있지 않을까?

2〉 **데이터 수집 장소의 목록을 적고, 세 군데 정도 골라 보자!** 장소를 골랐다면 기록하라. 손으로 적거나, 컴퓨터 문서로 작성하자. 자신만의 특별한 방법이 있다면 그 방법을 활용하라.

3〉 **처음 작성한 데이터는 뒤죽박죽 정돈되지 않은 상태인 원시 데이터다. 원시 데이터를 정리하자.** 맨 처음 모은 데이터 뭉치가 곧바로 쓸모 있는 정보로 쓰이지는 않는다. 이 데이터 뭉치들은 왜 쓸모가 없을까?

4〉 **어떻게 해야 원시 데이터로 쓸모 있는 정보를 만들까?** 데이터가 아무리 많아도 유용한 정보를 끌어내지 못한다면 아무 소용이 없다. 원시 데이터를 자세히 들여다보고 어떤 정보가 들어 있는지 살펴보자. 예를 들어, 친구의 스마트폰 데이터나 생활 기록표 데이터에서 친구의 취미, 즐겨 찾는 웹사이트, 자주 보는 텔레비전 프로그램 같은 정보를 찾아낼 수 있다. 이 정보는 어떤 의미를 갖고 있고 얼마나 정확한 걸까?

이것도 해 보자!

데이터 주인이 따로 있을까? 데이터를 사용할 때 누군가의 허락이 필요할까? 데이터 사용을 제한해야 하는 경우가 있을까? 만약 제한해야 한다면 어떤 일을 제한해야 할까?

설문 조사하기

설문 조사는 사람들에게 어떤 주제에 대해 질문을 통해 얻은 대답으로 데이터를 얻는 방법이다. 평소에 궁금했던 질문이 있다면 설문 조사를 통해 알아보자.

1 > **브레인스토밍으로 주제를 정하라.** 어떤 주제가 좋을까? 스포츠나 취미 같은 가벼운 주제도 좋고, 정치나 경제 같은 다소 어려운 주제도 괜찮다. 다만 설문 조사를 통해 의미 있는 데이터 제공이 가능한 주제여야 한다.

2 > **주제를 정했다면 아래의 질문에 답해 보자.**

① 이 주제를 고른 이유는?
② 평소 궁금했던 질문은?
③ 질문에 답하기 위해 필요한 데이터는?
④ 수집한 데이터의 사용 방법은?

3 > **설문 조사지를 만들자.** 설문 조사에는 여러 질문 유형이 있다. '예' 또는 '아니오'로 대답하는 질문, 1부터 5까지 점수로 답하는 질문, 객관식 질문과 주관식 질문 등이 있다. 적절한 질문 방식을 정하고, 20명 이상에게 설문 조사를 해 보자.

4 > **설문 조사 결과를 정리하고 분석하라.** 설문 조사로 무엇을 알아냈는가? 더 궁금한 점은 없는가?

이것도 해 보자!

설문 조사 결과가 부정확할 때도 있다. 부정확한 결과가 나오는 이유는 무엇일까? 또, 설문 조사 결과가 정확하려면 어떻게 해야 할까?

17쪽   **기록(record):** 후일에 남길 목적으로 어떤 사실을 적는 일. 또는 그런 글.

18쪽   **통계(statistics):** 많은 양의 숫자 데이터를 한데 모아 분석하는 기술이나 학문.

18쪽   **기술(technology):** 문제를 해결하거나 일을 하는 데 사용되는 과학적 또는 기계적 도구, 방법, 시스템.

18쪽   **피트니스 트래커(fitness tracker):** 주로 시계 형태로 된 건강 보조 기구. 운동량이나 혈압, 맥박 등을 확인해 준다.

18쪽   **GPS(global positioning system):** 위성 항법 장치. 인공위성을 이용하여 자신의 위치를 정확히 알아낼 수 있는 시스템.

18쪽   **검색 엔진(search engine):** 인터넷에서 사용자가 입력하는 키워드를 찾아주는 프로그램.

18쪽   **바이트(byte):** 하나의 단위로 다루어지는 이진 문자의 집합. 8비트가 1바이트를 구성한다.

19쪽   **초연결 사회(hyper-connected society):** 인터넷, 통신 기술 등이 발달되면서 네트워크로 모든 사물들이 거미줄처럼 사람과 연결되어 있는 사회.

19쪽   **슬로언 디지털 스카이 서베이(SDSS, Sloan Digital Sky Survey):** 1998년부터 2009년까지 뉴멕시코 하늘을 관찰한 가상 망원경. 이 망원경의 데이터는 온라인 포털인 스카이서버 데이터베이스에서 공개적으로 제공되고 있다.

21쪽   **보험(insurance):** 개인 또는 조직의 손해를 보험 회사가 대신 감당해 준다고 보증하는 일.

21쪽   **계리사(actuary):** 사고 · 화재 · 사망 같은 통계 기록을 분석하여 보험료율, 보험 위험률 등을 계산하는 사람.

21쪽   **데이터 포인트(data point):** 집합적인 정보에서 하나의 데이터 값.

23쪽   **지시문(rubric):** 학생들의 과제, 수행평가, 시험 등의 평가 기준을 구체적으로 열거한 안내서.

23쪽   **원시 데이터(raw data):** 분석되지 않은 최초의 데이터.

23쪽   **가공 데이터(processed data):** 수집 후 분석을 위해 구성 · 정리된 데이터.

23쪽   **이상점(outlier):** 실험 또는 관찰로 데이터를 수집했을 때, 데이터의 전반적인 흐름에서 벗어나는 관측점.

데이터는 어디에서 만들어질까?

와, 빅데이터가 하는 일은 정말이지 엄청나구나!

앗, 프레드!

잠깐! 스몰데이터도 있어!

데이터는 이제 우리의 삶의 한 부분이야.

우리의 모든 행동이 데이터이기 때문이지!

세상은 온갖 데이터로 가득하다. 우리의 모든 행동이 곧 데이터이기 때문이다. 우리는 일상생활에서 끊임없이 데이터를 만들어 내고 있다. 물건을 사고, 소셜 미디어에 사진을 올리고, 이메일로 과제를 전송하는 우리의 다양한 행동이 데이터로 저장된다는 이야기다. 지금부터 데이터가 정확하게 무엇이며 어디에서 생겨나는지 알아보자!

사실 데이터는 어디에서나 생겨난다. 친구들과의 야구 시합 결과를 기록한 공책, 어제 제출한 수학 숙제, 의사 선생님의 진찰 기록, 일기에 기록한 내용과 날씨도 모두 데이터다. 그뿐인가? 우리가 즐겨 보는 TV 프로그램과 유튜브 동영상도 데이터다. 한마디로 우리가 세상을 관찰하고 남긴 모든 **기록**을 데이터라고 할 수 있다. 우리가 살고 있는 세상이 어떤 모습인지 알고 싶다면 우리가 만들어 낸 데이터를 분석해 보면 된다.

생각을 키우자!

온라인 또는 오프라인에서 데이터 수집 시 나타날 수 있는 문제는 무엇일까?

⚙️ 데이터의 종류

우리가 흔히 데이터라고 부르는 것은 훗날 사용하고 분석하기 위해 한데 모아 둔 사실과 **통계**를 가리키는 경우가 많다. 앞서 설명했지만 데이터들은 크게 '정량 데이터'와 '정성 데이터' 두 종류로 나뉜다.

두 데이터의 차이는 무엇일까? 먼저 정량 데이터는 키, 몸무게, 머리카락의 길이처럼 수치를 측정해서 기록한 것이다. 반면, 정성 데이터는 '무엇인가'의 특징이다. 머리카락의 색, 강아지 털의 부드러움처럼 무언가의 특징을 묘사할 수 있으나 숫자로는 나타낼 수 없는 데이터다.

다음 질문을 읽고 정량 데이터와 정성 데이터 중 어떤 데이터로 답할 수 있는지 생각해 보자.

① 반려견의 나이는 몇 살인가?
② 식탁 의자는 몇 개인가?
③ 거실 카펫의 색깔은 무엇인가?
④ 지갑에 있는 돈은 얼마인가?
⑤ 즐겨 쓰는 샴푸의 향은 어떠한가?

정답 ① 정량 ② 정량 ③ 정성 ④ 정량 ⑤ 정성

⚙️ 디지털 데이터의 급증

오늘날, 우리가 사는 디지털 시대에는 데이터가 어마어마하게 **빠른** 속도로 만들어지고 쌓인다. 모두 **기술**의 발전으로 빚어진 현상이다. 디지털 기기의 데이터 저장 능력은 나날이 늘어가지만, 디지털 데이터는 이전에 없던 **빠른** 속도로 생성되며 디지털 기기의 저장 능력을 위협한다. 데이터를 생성하는 대표적인 디지털 기기로는 **피트니스 트래커** 같은 건강 보조 기구, GPS, 노트북, 태블릿, 스마트폰, 스마트워치가 있다. 내장형 점검 시스템을 갖춘 가정용 전자 기기도 사용 실태나 수리 기록을 데이터로 남긴다.

개인은 신용카드, 인터넷 **검색 엔진**, 소셜 미디어를 이용하거나 온라인 동영상을 공유하여 데이터를 만든다. 기업과 정부는 온라인 보안 카메라, 전자 기록 장치, 이메일, 자동화 생산 시스템 등 디지털 기기를 통해 데이터를 생산한다. 오늘날 데이터는 하루에 무려 2.5퀸틸리언(10^{18} 또는 250경) **바이트**가 새롭게 만들어진다.

> **지금 이 순간에도 디지털 데이터는 빠른 속도로 만들어진다.**
> **지금 존재하는 데이터의 90%가 지난 2년 만에 생성된 데이터라고 주장하는 사람도 있다!**

디지털 시대를 넘어 **초연결 사회**에 이르러서도 우리는 끝없이 데이터를 만들어 낼 것이다. 모든 기기들이 데이터를 토대로 의사소통하고 또 기기들끼리 의사소통하는 과정에서 데이터가 새로 만들어지기 때문이다.

요사이 데이터가 얼마나 많이 만들어지는지 보여 주는 흥미로운 사례가 하나 있다. 대규모 천체 관측 프로젝트 **슬로언 디지털 스카이 서베이**는 뉴멕시코에 설치한 천체 망원경으로 우주를 관측한다. 이 천체 망원경이 2000년도에 고작 몇 주간 수집한 데이터가 인류가 지금껏 모은 모든 천문학 데이터의 양을 훨씬 뛰어넘는다.

알·고·있·나·요·?

데이터는 책, 잡지, 노트, 컴퓨터 등 여러 매체를 통해 저장된다.

각국 정부는 전국적으로 인구 데이터를 수집한다. 왜 그럴까?

▲ 슬로언 디지털 스카이 서베이가 데이터로 구현한 소용돌이 은하의 모습.
출처: Sloan Digital Sky Survey (CC BY 2.0)

⚙ 데이터 활용하기

데이터로 무슨 일을 할 수 있을까? 사실 데이터를 모으는 것 만큼 올바르게 사용하기도 쉽지 않다. 지난 수 년간 우리는 데이터를 수집하고 분석하여 유용한 정보로 만들어 활용해왔다. 예를 들어, 정부는 인구 데이터를 모으고 그 데이터를 바탕으로 행정 계획에 필요한 인구 통계 정보로 가공한다. **보험 계리사**는 사건과 사고 데이터를 바탕으로 위험을 평가하고 그것에 맞는 보험료를 계산한다. 과학자 또한 실험과 관측으로 데이터를 모으고 분석한 뒤 혁신적인 물건을 발명하고 새로운 사실을 발견한다.

❝ 우리는 그 어느 때보다 데이터로 만들어 낸 정보에 의존하며 살고 있다. ❞

데이터는 일, 운전, 운동, 쇼핑 등 우리가 하는 활동에 없어서는 안 될 존재다. GPS는 길 안내를 돕는 장치로 데이터를 이용하여 정확한 방향 정보를 제공한다. 여러 기록과 수천 개의 지도를 **데이터 포인트**로 활용하기 때문에 정확한 방향을 알아낼 수 있는 것이다. 병원에서도 데이터가 꼭 필요하다. 병원은 환자마다 질병에 대한 진찰 및 치료 기록을 잘 정리

 알·고·있·나·요·?

일부 GPS 기기는 실시간 데이터를 다룬다. 교통사고 소식이나 단속 카메라 위치를 알려 속도를 줄이게끔 유도하는 내비게이션 기기를 흔히 볼 수 있다.

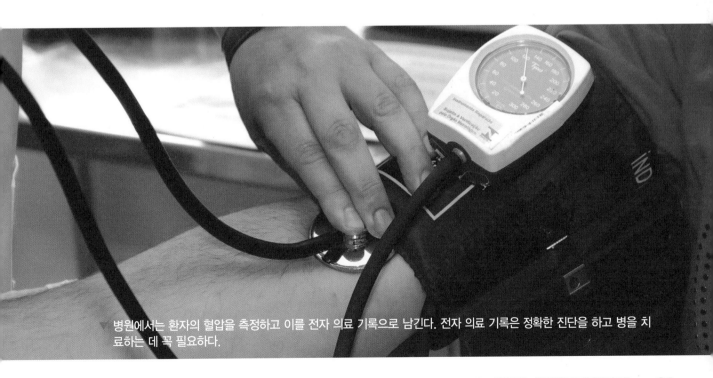
병원에서는 환자의 혈압을 측정하고 이를 전자 의료 기록으로 남긴다. 전자 의료 기록은 정확한 진단을 하고 병을 치료하는 데 꼭 필요하다.

하여 데이터로 만든다. 의사와 간호사는 물론 약사까지 환자 개개인의 의료 기록을 컴퓨터로 쉽게 찾아보고, 찾아낸 의료 데이터를 바탕으로 환자의 상태를 진단하고 치료법을 처방한다. 디지털 의료 데이터를 이용하면 의사와 의료 관계자들이 사례를 비교 분석함으로써 전염병 유행 같은 현상을 재빨리 알아차리고 미리 해결책을 마련할 수 있다. 이는 4장 〈커다란 데이터-빅데이터와 건강 관리〉(74쪽)에서 데이터를 이용해 2009년 신종 인플루엔자 바이러스 대유행에 대처했던 사례를 알아보도록 하자.

멜론이나 지니 같은 음악 스트리밍 서비스는 우리가 좋아할 음악을 골라 추천한다. 어떻게 이런 일이 가능할까? 바로 데이터의 힘이다. 우리는 음악 스트리밍 서비스를 이용하면서 취향에 따라 음악을 골라 듣는다. 기분이나 분위기에 따라 어떤 음악은 찾아 듣기도 하고 또 어떤 음악은 건너뛰기도 한다. 이때 데이터 포인트가 생성된다. 스트리밍 서비스는 이런 데이터 포인트를 모아 분석한 후 개인의 취향에 맞는 음악을 추천한다.

66 많은 사람이 시계나 팔찌 형태의 웨어러블 장치를 착용한다. 99

이런 웨어러블 장치는 착용자의 일상 데이터를 모은다. 하루에 몇 걸음을 걷는지, 몇 계단을 오르는지, 몇 시간을 자고 또 앉아 있는지 모두 기록한다. 웨어러블 장치 서비스는 이에 그치지 않고 데이터 분석으로 착용자에게 건강 정보까지 제공한다. 웨어러블 장치 사용자들은 서로의 건강 정보를 비교함으로써 더 많은 정보도 얻을 수 있다.

알·고·있·나·요·?

미래에는 웨어러블 장치가 의사에게 착용자의 건강 데이터를 보낼지도 모른다. 그런 날이 온다면 정기적인 의료 검사가 사라질 것이다. 우리 몸 상태를 실시간으로 확인하기 때문에 따로 검사를 받을 필요가 없다.

오래전, 현미경과 망원경의 발명은 인류에게 이전에는 볼 수 없었던 새로운 세상을 열었다. 그로 말미암아 우리는 미생물이 사는 아주 작은 세계와 우주처럼 아주 커다란 세계를 알게 되었다. 데이터 수집과 분석 또한 우리에게 새로운 정보 세계의 문을 열어 이전에는 알지 못했던 것들을 깨우쳐 준다.

생각을 키우자!

우리의 삶의 어떤 부분이 데이터와 관계있을까?

정량 데이터와 정성 데이터

데이터는 정량 데이터와 정성 데이터로 데이터가 나뉜다. 이 두 데이터가 어떻게 의사 결정에 활용되는지 알아보자!

1〉학교 선생님들은 여러 방식으로 학생들의 학업 성취도를 평가한다. 성적 등급, 평균 점수, 포트폴리오, **지시문**, 자기 평가, 과제 등이 있다. 어떤 것이 정량 데이터이고 어떤 것이 정성 데이터인지 표로 분류해 보자.

2〉최적의 학업 성취 평가 시스템을 만들어 보자! 학업 성취를 평가하는 가장 좋은 방법은 무엇이라고 생각하는가? 아래 질문에 답해 보자.

① 정량 데이터만으로 평가한다면 무슨 장단점이 있을까?
② 정량 데이터만으로 평가한다면 어떤 부분이 부족할까?
③ 정성 데이터만으로 평가한다면 무슨 장단점이 있을까?
④ 정성 데이터만으로 평가한다면 어떤 부분이 부족할까?

원시 데이터와 가공 데이터

데이터는 수집된 상태 그대로의 **원시 데이터**와 다듬고 손질한 **가공 데이터**가 있다. 원시 데이터에서 잘못된 데이터나 **이상점**을 제거해 가공 데이터를 만드는데, 원시 데이터를 그대로 두면 잘못된 결과로 이끌기 때문이다.

이것도 해 보자!

최고의 숙제 시스템을 생각해 보자. 정량 데이터와 정성 데이터 중 무엇을 사용해야 할까? 아니면 두 종류의 데이터를 모두 사용해야 할까?

날씨 데이터 탐구

우리가 사는 곳의 날씨는 어떠한가? 날씨도 주변에서 쉽게 구할 수 있는 데이터의 한 종류이다. 날씨를 측정하고 표현하는 방법은 여러 가지가 있다. 온도, 강우량, 풍속 및 습도 등을 측정한 모든 값이 데이터이고 유용한 정보가 된다.

1〉 **현재 사는 도시와 이웃 도시 두 곳에서 날씨 데이터를 모으자.** 2주 정도의 데이터를 모으자.

2〉 **날씨 데이터를 모을 때 인터넷과 기타 매체를 이용하라.** 모아야 할 데이터의 종류는 아래와 같다.

- 기온 - 올라감, 내려감
- 풍속 - 바람의 최대, 최저 속도
- 풍향 - 동쪽, 서쪽, 남쪽, 북쪽
- 기압 - 높다, 낮다
- 하늘 상태 - 맑음, 구름 낌, 약간 흐림
- 강수 - 강수량과 강수 형태
- 습도 - 공기 중에 수증기가 들어 있는 정도

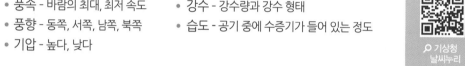

🔍 기상청
날씨누리

3〉 **기상학자와 그 밖의 과학자들은 데이터를 살펴볼 때 도표나 그래프를 이용한다.** 각각의 날씨 데이터별 그래프를 만들고 세 도시로부터 얻은 데이터를 비교해 보자.

▲ 선그래프

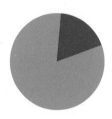

▲ 원그래프

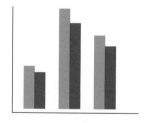

▲ 막대그래프

① 선그래프는 데이터의 변화를 잘 보여 줄 뿐만 아니라 두 집단의 비교에도 도움이 된다. 각 도시의 기온과 풍향 데이터, 시간에 따른 기압 변화를 선그래프로 그려 보자.

② 원그래프로는 횟수 나타내기가 편하다. 각 도시의 하늘 상태를 원그래프로 나타내 보자.

🔍 그래프 만들기

③ 막대그래프는 두 집단을 비교하거나 시간에 따른 변화를 보여 주기에 편리하다. 각 도시의 강수량을 막대그래프로 나타내 보자.

4> **데이터를 다 정리했다면 분석을 통해 유용한 정보로 만들어 보자.** 그래프를 보며 아래 질문에 답해 보라.

　① 각 도시의 기온 변화를 어떻게 표현할까?

　② 각 도시의 최고 기온과 최저 기온은 언제일까?

　③ 각 도시의 평균 기온은 얼마일까?

　④ 맑은 날이 가장 많았던 도시는 어디일까?

　⑤ 흐린 날과 비 오는 날이 많았던 도시는 어디일까?

　⑥ 하늘 상태와 기온 사이에 상관관계가 있을까?

　⑦ 풍향과 기온 사이에 상관관계가 있을까?

　⑧ 비가 가장 많이 내린 날과 가장 적게 내린 날은 언제일까?

　⑨ 각 도시의 총 강수량은 얼마일까?

　⑩ 각 도시의 기압은 어떻게 변했을까?

　⑪ 변화의 흐름을 이야기할 수 있을까?

　⑫ 기압과 다음 날 하늘 상태 사이에 상관관계가 있을까?

5> **데이터 파악으로 주변 세상을 더 잘 이해할 수 있다.** 수집한 데이터를 어떻게 활용하면 세 도시의 날씨를 더 잘 알 수 있을까? 이 정보로 무엇을 할 수 있을까?

알·아·봅·시·다!

일반적으로 서로 완벽히 같은 눈 알갱이가 없는 것으로 알려졌지만, 과학자 낸시 나이트는 우연히 현미경으로 아주 비슷한 두 눈 알갱이를 발견했고 이로 인해 1988년 기네스북에 올랐다. 이후 그 두 눈 알갱이가 정말로 똑같이 생긴 것인지 아니면 아주 닮은 것뿐인지에 대해 격렬한 논쟁이 있었다.

이것도 해 보자!

날씨 데이터로 미래 날씨 예측이 가능할까? 탐구 활동으로 만든 그래프와 데이터 분석을 활용해 얻은 정보로 사는 곳의 날씨를 예상해 보자!

27쪽　**메소포타미아(Mesopotamia):** 서남아시아의 티그리스강과 유프라테스강 주변에 일어났던 고대 문명. 현재 이라크 지역이다.

27쪽　**상형 문자(pictograph):** 물건의 모양을 본떠 만든 그림문자.

27쪽　**설형 문자(cuneiform):** 쐐기 모양의 고대 문자.

27쪽　**필경사(scribe):** 글씨를 쓰는 일을 직업으로 하는 사람.

29쪽　**요하네스 구텐베르크(Johannes Gutenberg):** 약 1440년경 유럽에서 처음으로 금속 활판 인쇄술을 개발한 독일의 금 세공업자 겸 인쇄업자. 금속활자로 《구텐베르크 성서》를 찍어 냈다.

30쪽　**허만 홀러리스(Herman Hollerith):** 독일계 미국인이자 통계학자. 홀러리스가 세운 '태블레이팅머신컴퍼니'는 오늘날 컴퓨터 회사인 IBM의 전신이다.

30쪽　**천공 카드(punch card):** 일정한 자리에 몇 개의 구멍을 내어 기계나 컴퓨터에 정보를 입력하는 카드.

31쪽　**산업 혁명(Industrial Revolution):** 1700년대 후반부터 약 100년 동안 유럽에서 일어난 생산기술과 그에 따른 사회 조직의 큰 변화. 이 시기에 기계를 이용해 생산하는 커다란 공장이 등장.

31쪽　**서류 책(latter book):** 타자기 발명 이전에 문서를 베껴 쓴 문서 자료들을 '서류 책'이라는 이름으로 보관.

31쪽　**마크 트웨인(Mark Twain):** 미국 소설가. 《톰 소여의 모험》과 《허클베리 핀의 모험》 등을 썼다.

33쪽　**프로그래머(programmer):** 컴퓨터 프로그램을 작성하는 사람.

33쪽　**알고리즘(algorithm):** 어떤 문제의 해결이나 계산을 위해 따라야 할 여러 단계의 집합.

33쪽　**찰스 배비지(Charles Babbage):** 최초의 컴퓨터라고 할 수 있는 차분기관을 설계한 영국 수학자.

34쪽　**진공관(vacuum tube):** 초기 컴퓨터 또는 다른 기기를 켜고 끄는 스위치로 사용된 전구처럼 생긴 전자 부품.

34쪽　**축전기(capacitor):** 많은 양의 전기를 모으는 장치.

34쪽　**계전기(relay):** 전류의 유무 또는 방향에 따라 다른 회로를 여닫는 장치.

35쪽　**존 폰 노이만(John von Neumann):** 컴퓨터 중앙 처리 장치의 내장형 프로그램을 처음 고안한 미국 수학자. 1949년 에드박이라는 새로운 개념의 컴퓨터를 만들었다. 에드박을 만들며 고안한 방식은 오늘날에도 거의 모든 컴퓨터 설계의 기본이 된다.

36쪽　**회로(circuit):** 전류가 흐르는 길. 시작점과 끝점이 같다.

36쪽　**자기 드럼(magnetic drum):** 금속 원통형의 표면에 자성 물질을 입혀서 데이터를 읽고 쓸 수 있도록 한 보조 기억 매체.

36쪽　**그레이스 호퍼(Grace Hopper):** 미국의 컴퓨터 과학자 겸 해군 제독. 프로그래밍 언어 코볼의 개발을 주도했다.

37쪽　**집적 회로(microprocessor):** 컴퓨터의 기억 장치와 제어 장치를 하나의 기판에 모아둔 전자 회로.

37쪽　**중앙 처리 장치(CPU, central processing unit):** 컴퓨터 시스템 전체의 작동을 통제하고 프로그램의 모든 연산을 수행하는 가장 핵심적인 장치.

37쪽　**프로세서(prosessor):** 어떠한 특정 기능을 처리하거나 가공하는 기능.

38쪽　**인공지능(AI, artificial intelligence):** 인간의 지능이 가지는 학습, 추리, 적응, 논증 따위의 기능을 갖춘 컴퓨터 시스템.

39쪽　**고등 연구 계획국(ARPA, Advanced Research Projects Agency):** DARPA(Defense Advanced Research Projects Agency)의 전신. 군사 신기술 등을 연구한다.

39쪽　**아르파넷(ARPAnet, Advanced Research Projects Agency Network):** 1969년에 개발되어 미국 각지의 연구소와 대학교의 컴퓨터를 연결한 대규모 패킷 교환망. 오늘날 인터넷의 기원이다.

39쪽　**프로토콜(protocol):** 한 장치와 다른 장치 사이에서 데이터를 원활히 주고받기 위하여 약속한 여러 규약.

데이터의 역사, 종이에서 컴퓨터까지

우리는 디지털 시대를 살고 있지만, 컴퓨터 발명 이전에도 데이터가 존재했다. 옛날 사람들은 데이터를 어떻게 기록했을까? 기록으로 남아 있는 가장 오래된 데이터는 기원전 5000년 고대 수메르 상인이 점토로 만든 동전으로 상품 판매량을 기록한 데이터다.

지금으로부터 5000년도 더 이전에 살았던 **메소포타미아** 사람들은 데이터를 기록하고 교환할 표기 수단으로 **상형 문자**를 만들었다. 이때의 상형 문자는 간단한 그림을 그려 의미를 나타냈다. 메소포타미아 사람들은 이 상형 문자로 세금과 농작물 수확량을 기록했다. 이후 상형 문자가 발달해 쐐기 자국처럼 생긴 **설형 문자**가 나타났다. 당시 메소포타미아 사람 중에는 글씨 쓰는 일을 직업으로 하는 **필경사**들이 있었는데 이들은 점토판에 설형 문자로 개인 정보, 상거래 정보, 그리고 별의 움직임 등을 기록했다. 이것이 인류 최초의 데이터로 남았다.

🌱 생각을 키우자!

데이터를 기록하는 수단이 종이와 연필뿐이라면 우리의 삶은 어떤 모습일까?

⚙ 종이에 기록된 데이터

약 1세기 무렵 고대 중국에서 종이가 발명됐다. 종이는 단숨에 데이터 기록 수단으로 주목받았다. 문제는 종이로 많은 양의 데이터를 기록하기는 어려웠다는 점이다. 아마도 고작 수백 명이 사는 작은 마을에서는 종이만으로도 충분히 사람들의 이름과 특징, 땅과 재산 목록을 적을 수

알·고·있·나·요·?

손가락 꼽기는 최초의 계산법 중 하나였다.

있었을 것이다. 하지만 수천 명 혹은 그 이상이 사는 커다란 마을에서는 일일이 사람이 기록한다는 것이 쉽지 많은 않았을 것이다. 게다가 기록하는 일도 힘들뿐더러 종이도 많이 필요한데다 보관하는 것도 문제가 되지 않았을까?

인구 조사는 한 지역에 사는 사람의 숫자를 세는 일로, 인구 조사 자료는 역사적으로 인류가 처음 수집한 데이터 중 하나다. 과거 이집트와 중국에서는 사람마다 특징, 성별, 결혼 여부 같은 정보를 자세하게 기록해 지역 주민 정보를 파악했다.

1085년에는 영국에서도 인구 조사를 시작했다. 당시 영국 국왕이던 정복왕 윌리엄 1세의 명령이 있었기 때문이다. 윌리엄은 인구수와 재산을 파악해 얼마나 세금으로 걷힐지 미리 알아보려 했다. 이때 만들어진 인구 조사 책을 '둠즈데이 북'이라고 부른다. 영국 전역의 인구 데이터를 모은 둠즈데이 북은 큰 둠즈데이와 작은 둠즈데이, 총 2권으로 나뉜다. 2권을 합하면 900쪽이 넘는 엄청난 분량이다. 둠즈데이 북에는 잉글랜드와 웨일스 일부 지역을 포함하는 1만 3천여 마을에서 조사한 인구 조사 내용이 실려 있다. 땅의 주인, 다른 사람의 땅을 빌려 농사를 짓는 소작인, 가축, 집, 등에 대한 정보들이다. 이는 같은 시기 유럽 대륙에서 최초로 이루어진 대규모 조사였다.

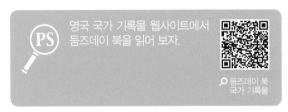
PS 영국 국가 기록물 웹사이트에서 둠즈데이 북을 읽어 보자.

🔍 둠즈데이 북 국가 기록물

기원전 250년 무렵 고대 중국에서 만들어진 가장 오래된 종이 책.

주판으로 숫자 세기!

주판(수판)은 수를 세는 데 이용하는 아주 오래된 도구다. 네모반듯한 나무틀 안에 구슬을 꿴 가지를 세로로 고정해 만든다. 가지는 10을 기준으로 숫자를 세는 체계인 십진법의 자릿수를 의미하고 구슬을 하나하나 밀어 올리며 셈을 더한다. 주판은 계산기로도 쓰여 덧셈, 뺄셈은 물론 곱하기와 나누기까지 모두 가능하다.

그래서 정복왕 윌리엄이 원하던 바를 이뤘냐고? 안타깝게도 윌리엄은 둠즈데이 북이 최종적으로 완성되기 전인 1087년에 죽고 말았다. 게다가 엄청난 시간과 비용을 인구 조사에 쏟아부었지만, 둠즈데이 북에 실린 데이터는 고작해야 추정치에 불과했다. 그렇지만 아무리 추정치라고 할지라도 데이터가 없는 것보다 있는 쪽이 훨씬 나은 법이다.

구텐베르크 혁명

15세기 중반까지 유일한 정보 기록 매체였던 책은 만들기 몹시 힘들 뿐만 아니라 만드는 데 시간이 많이 필요했다. 목판에 글자를 새겨 찍어 내거나 손으로 일일이 베껴 써야 했기 때문이다. 이로 인해 당시 유럽에서 책은 매우 비싸고 일반인은 구경조차 힘든 귀한 물건이었다. 15세기 중반, 독일의 기술자 **요하네스 구텐베르크**(1397 추정~1468)는 책을 쉽게 인쇄할 방법을 연구하기 시작했고 마침내 1439년, 이동식 금속 활자 인쇄기를 발명했다. '구텐베르크 인쇄기'가 탄생한 것이다. 구텐베르크 인쇄기는 활자에 잉크를 바르고 종이에 찍어 내는 과정이 자동이었다. 책을 만들어 내는 과정이 한결 쉽고 효율적으로 변했고 역사상 처음으로 대량 생산이 가능해졌다. 많은 사람이 책을 읽고 정보를 얻게 되었다.

 알·고·있·나·요·?

인쇄술의 발전은 인류에게 어떤 영향을 미쳤을까?

⚙ 천공 카드의 활용

미국에서도 인구 조사로 애먹은 적이 있다. 19세기 후반, 미국의 인구수가 빠르게 증가하면서 미국 인구 조사국은 급증한 데이터 처리 문제로 골머리를 썩혀야 했다. 1880년도 인구 조사의 경우, 기존 방식대로 종이에 적힌 기록을 손으로 일일이 셈한다면 8년이라는 시간이 필요했다. 8년이면 인구 조사 데이터를 정리하는 동안에 또 인구가 늘 것이 뻔했다. 그럼 데이터의 정확성도 떨어지고 8년 동안 진행된 데이터 정리 역시 쓸모없는 일이 될 판이었다. 심지어 인구 조사국 추정에 따르면, 1890년 인구 조사는 데이터 정리에만 무려 13년이 필요했다. 데이터 수집과 정리에 터무니없이 많은 시간을 허비한다면 궁극적으로 데이터의 가치는 떨어질 수밖에 없었다.

인구 조사국은 발명가 **허만 홀러리스**(1860~1929)에게 해결책을 의뢰했다. 홀러리스는 연구 끝에 **천공 카드**로 활용하는 도표 작성기를 발명했다. 도표 작성기는 카드에 뚫린 구멍의 위치를 읽어 데이터를 기록하고 그 총합을 계산했다. 도표 작성기는 한마디로 데이터를 체계적으로 기록하고 셈하는 기계였다.

홀러리스가 만든 도표 작성기는 1890년 인구 조사에 활용됐고 결과적으로 데이터 만드는 시간이 확 줄어들어 대성공을 거뒀다. 하지만 눈에 띄게 빨라진 데이터 처리 속도에 비해 인구 조사는 여전히 오랜 시간이 걸리는 작업이었다. 모든 미국 주민이 서류에 자신의 정보를 작성해야 했고, 서류들을 한데 모은 다음 인구 조사원들이 일일이 카드에 구멍을 뚫어 천공 카드로 만들어야 했다. 천공 카드가 준비되면 그제야 도표 작성기는 천공 카드를 읽어 인구 데이터를 도표로 만들 수 있었다.

▼ 1940년 미국에서 천공 카드로 인구 조사 자료를 만드는 모습.

⚙️ 미국 사무용 기계의 등장

산업 혁명이 일어나자 도시 인구가 늘어났다. 공장에서 일하기 위해 사람들이 몰린 탓이었다. 공장이 늘어나고 정부의 역할이 커졌다. 이와 함께 사용 가능한 데이터의 규모도 함께 커졌다. 인구 자료, 세금 기록, 상품 판매량, 소비자 명단 등 방대한 데이터를 합리적인 시간 안에 수집하고 처리할 방법이 필요했다. 이 시기에 미국에서는 타자기, 가산기, 천공 카드 과금기 등 많은 양의 데이터를 빠르고 효율적으로 처리하는 사무용 기계들이 발명됐다.

> ❝ 타자기가 발명되면서 사람들은 이전보다 쉽고 빠르게 문서를 작성할 수 있었다. ❞

이제 필요한 것은 대량으로 만들어지는 문서를 보관할 공간이었다. 타자기가 발명되기 전에는 모든 문서를 베껴 쓴 뒤 **서류 책**이라는 형태로 보관했다. 하지만 타자기로 먹지에 문서를 복사하자 더는 문서를 베껴 쓸 필요가 없었다. 대신 타자기로 복사된 종이를 저장할 서류함이 필요했을 뿐이다.

☁️ 알·고·있·나·요·?

레밍턴 타자기를 사용했던 사람 중 한 명이 새뮤얼 랭혼 클레먼스(1835~1910)로 우리에게는 **마크 트웨인**이라는 필명이 더 익숙한 미국의 대표적인 작가이다. 혹시 그의 작품을 읽어 보았는가?

20세기 초반의 타자기 형태.

사무용 기계 중에는 데이터 처리를 도맡은 기계가 있었다. 바로 가산기였다. 가산기는 2개 이상의 수를 입력하면 합이 출력되는 기계다. 1820년, 프랑스 발명가 샤를 그자비에(1785~1870)가 초기 가산기 중 하나인 계수기를 발명했다. 하지만 1800년대 후반, 사무실에서는 업무용으로 더 빠른 가산기를 요구하기 시작했다. 은행에서는 기계에 입력한 숫자를 영구 보관할 필요를 느꼈다. 이에 도르 펠트(1862~1930)와 윌리엄 버로스(1855~1898)는 각자 새로운 가산기를 발명했다. 펠트는 타자기 자판이 있는 가산기를, 버로스는 입력 데이터를 그대로 출력하는 가산기를 만들었다.

⚙ 배비지가 만든 2개의 기관

지금까지 데이터 기록과 처리에 쓰이는 여러 사무용 기기에 대해 알아보았다. 그런데 우리는 언제부터 컴퓨터를 사용했을까? 컴퓨터는 한 사람이 한 시기에 만들어낸 독창적인 발명품이 아니다. 여러 사람의 손을 오랜 기간 거치면서 오늘날 사용하는 컴퓨터의 모습으로 조금씩 완성해 나갔다.

153년이 지난 2002년에 배비지의 설계도를 바탕으로 차분기관이 제작됐다.   출처: Jitze Couperus (CC BY 2.0)

에이다 러브레이스

최초의 컴퓨터 **프로그래머**로 알려진 에이다 러브레이스(1815~1852)는 낭만파 시인 조지 고든 바이런과 수학에 능통하던 앤 이사벨라 바이런 사이에서 태어났다. 어머니의 영향으로 19세기 영국 여성으로는 드물게 수학과 논리학을 공부한 에이다는 17살에 찰스 배비지의 차분기관 모형을 본 뒤 이에 빠져들었다. 이후에도 배비지의 기관에 꾸준히 관심을 보인 에이다는 프랑스어로 쓰인 해석기관 관련 논문을 영어로 번역하며 자신의 풀이도 상당 부분 추가했다. 에이다가 추가한 '수학 문제를 해결하는 동작의 순서'는 기계가 수행한 최초의 **알고리즘**이라 평가받는다. 또 에이다는 컴퓨터가 단순한 수학 계산 외에도 음악이나 그림 같은 것들을 디지털 형태로 다루게 될 것으로 예측했다. 미국 국방부는 이러한 업적들을 기리며 1979년 새로운 컴퓨터 프로그래밍 언어에 '에이다'라는 이름을 붙였다.

19세기 영국의 수학자 **찰스 배비지**(1791~1871)는 과학, 공학, 항해 등 여러 분야에서 필요한 복잡한 계산을 쉽게 해낼 목적으로 차분기관을 설계했다. 차분기관은 손잡이를 잡아 돌리면 자동으로 계산하고 그 결과를 인쇄할 수 있도록 설계되었다. 이후 배비지는 프로그램이 담긴 천공 카드를 입력하여 복잡한 문제를 계산하는 해석기관도 설계했다. 이 해석기관이 만들어졌다면, 세계 최초로 여러 분야에 널리 쓰일 만한 자동 디지털 계산기가 탄생했을 것이다. 하지만 영국 정부의 원조가 끊기면서 해석기관은 끝내 완성되지 못했다.

⚙️ 최초의 전자식 컴퓨터

미국 아이오와 주립대학교 교수 존 빈센트 아타나소프(1903~1963)와 제자 클리퍼드 베리(1918~1963)는 1939년부터 1942년까지 최초의 전자식 컴퓨터인 아타나소프–베리 컴퓨터, 일명 ABC라고 불리는 컴퓨터를 발명하기 위해 연구를 거듭했다.

아타나소프–베리 컴퓨터는 280개의 진공관과 약 1.6킬로미터 이상의 케이블로 구성되어 있으며 무게는 320킬로그램에 달하는 커다란 크기였다. 아타나소프–베리 컴퓨터는 복잡한 수학 계산과 30가지 동작을 동시에 수행하도록 디자인됐다. 제2차 세계 대전이 발발하면서 아타나소프–베리 컴퓨터는 끝내 완성되지 못했지만 전자식 컴퓨터 발전에 밑거름이 됐다.

방을 가득 메운 에니악의 모습.

출처: U.S. Army

에니악

1939부터 1945년까지 제2차 세계 대전으로 인해 유럽과 태평
양에서는 전투가 한창이었다. 전쟁 참여 국가들은 새로운 기술 개
발에 열을 올리고 있었다. 당시 미국 군대는 복잡한 계산을 빠르
게 해낼 방법을 찾고 있었다. 폭탄과 미사일 속도, 궤도의 계산
이 너무 복잡하고 어려워 시간이 오래 걸렸기 때문이었다. 펜실
베이니아대학교의 존 모클리(1907~1980)와 존 프레스퍼 에커트

(1919~1995)는 이 문제를 해결하고자 고속 계산이 가능한 전자식 연산 기계를 연구한 끝에 에니악을 발명했
다. 당시 에니악은 프로그램을 배선관에 연결해서 값을 추려내는 외부 프로그래밍 방식이었다.

에니악의 모양새 또한 복잡했는데 **진공관** 1억 8천 개, **축전기** 1억 개, 스위치 6천 개, **계전기** 1천 5백 개로
이루어져 42평 넓이의 방을 가득 채웠다. 에니악이 완성될 무렵 제2차 세계 대전은 끝났지만 전쟁이 끝나고
10년이 지나고도 에니악은 미국 군대의 주요 연산 기계였다. 에니악은 이전 계산기가 12시간이 걸리던 계산을
30초 만에 해결하는 놀라운 성능을 자랑했다. 그러나 대포의 정확한 탄도 계산이 목적이었던 에니악은 초기

 에니악, 에드삭, 에드박의 성공은 여러 과학자와 공학자에게
용기를 불러일으킨 역사적 발자국이었다.

개발 목적은 달성했으나, 기억 용량이 적고 내장 프로
그래밍이 아닌 탓에 사용에 불편함이 따랐다.

1940년 후반, 에니악 개발의 자문을 맡았던 수학자
존 폰 노이만(1903~1957)이 새로운 컴퓨터 에드박을
설계했다. 에드박은 컴퓨터 명령어와 데이터를 이진
수로 코드화하여 기계 내부에 저장하는 프로그램 내장
방식 개념을 사용하며 범용 컴퓨터로 자리매김했다.
에니악과 에드박은 오늘날 같은 발전된 형태의 컴퓨터
가 앞으로 얼마든지 실현 가능한 기술이라는 것을 의
미했다. 에니악과 에드박의 성공에 용기를 얻은 공학
자와 과학자들은 앞다퉈 컴퓨터 개발에 뛰어들었다.

알·고·있·나·요·?

에니악(ENIAC, Electronic Numerical Integrator
and Calculator) 이후 등장한 컴퓨터로는 에드삭
(EDSAC, Electronic Delay Storage Automatic
Calculato)과 에드박(EDVAC, Electronic Discrete
Variable Automatic Computer)이 있다. 에드삭
은 최초의 내장식 프로그래밍 컴퓨터이고, 에
드박은 내장 프로그래밍 방식과 이진법을 접목
시켰다. 이진수 사용으로 연산 속도를 비약적으
로 향상시켰을 뿐만 아니라 '소프트웨어'라는 개
념 또한 탄생시켰다. 이어서 에니악을 개발한 펜
실베이니아대학교의 프레스퍼 에커트와 존 모클
리가 최초의 상업용 컴퓨터인 유니박(UNIVAC,
Universal Automatic Computer)을 개발했다.

⚙ 컴퓨터의 역사와 세대

오늘날 우리가 사용하는 노트북 컴퓨터는 얇고 가벼워서 어디든 들고 다닐 수 있다. 거대하던 에니악과 유니박에서 끊임없이 발전하고 진화했기 때문이다. 컴퓨터의 역사는 작동 방식의 두드러진 변화를 기준으로 다섯 세대로 나누어 볼 수 있다.

1940년대 초반부터 1950년대 후반까지 쓰인 1세대 컴퓨터는 진공관으로 **회로**를, **자기 드럼**으로 기억 장치를 만들었다. 진공관은 크기가 몹시 커서 컴퓨터 1대가 방 하나를 꽉 채울 정도였다. 열 발생이 많았으며 전력량도 상당히 많이 소모해 컴퓨터가 작동되면 정전이 일어나곤 했다.

1세대 컴퓨터는 생산하기에도, 사용하기에도 여러모로 매우 비쌌는데 그럼에도 불구하고 한 번에 문제 하나만을 해결할 수 있었다. 실행 프로그램은 기계어로 작성됐고 데이터는 천공 카드와 종이테이프로 입력했다. 마지막으로 결과는 종이에 출력됐다. 대표적인 1세대 컴퓨터로는 에니악과 유니박을 꼽을 수 있다.

☁⬆ 알·고·있·나·요·?

트랜지스터 기술을 도입한 2세대 컴퓨터는 자기 코어 기억 장치에 명령을 저장하는 최초의 컴퓨터였다.

1950년대 후반부터 1960년대 중반까지 쓰인 2세대 컴퓨터는 트랜지스터의 개발 덕에 만들어질 수 있었다. 트랜지스터는 전자 신호와 전력의 흐름을 조절하는 장치로써 컴퓨터의 전기 흐름을 켜고 끄는 스위치 역할을 한다. 진공관 대신 트랜지스터로 전류를 조절하자 컴퓨터의 처리 속도는 빨라지고 크기는 작아졌다.

유니박

1952년 11월 5일, 미국 대통령 선거의 개표 방송이 한창이었다. 드와이트 아이젠하워와 아들라이 스티븐슨 사이에 치열한 접전이 예상되는 가운데 CBS 뉴스 앵커, 월터 크롱카이트가 낯선 기계와 함께 텔레비전에 등장했다. 새로운 기술로 만들어 낸 컴퓨터, 유니박이었다. 그 옆에는 에니악 발명가 존 프레스퍼 에커트도 함께 있었다. 미국 국민은 컴퓨터로 선거 결과를 예측하는 역사상 최초의 모습을 숨죽여 지켜보았다. 개표가 겨우 5% 진행된 순간, 전국 단위의 여론 조사는 일제히 스티븐슨의 승리를 점쳤지만 유니박은 아이젠하워를 지목했다. 미국 해군의 수학 장교인 **그레이스 호퍼**(1906~1992)가 이전 선거를 바탕으로 작성한 통계 자료 역시 호퍼가 설계한 컴퓨터 프로그램으로 도출된 결과였다. 과연 누구의 예측이 맞았을까?

미국의 34대 대통령은 드와이트 아이젠하워였다.

동시에 가격은 내려가고 전기도 적게 소모됐다. 놀라운 발전이었다. 같은 기간, 프로그래밍 언어도 발전했다. 어셈블리 언어가 등장해 0과 1의 이진수 대신 단어로 코드 작성이 가능해졌다.

 **알·고·있·나·요·?**

1981년 미국 컴퓨터 제조회사 IBM은 세계 최초로 개인용 컴퓨터를 출시했다. 애플은 1984년 매킨토시 출시하며 IBM의 뒤를 바짝 추격했다.

> **❝ 3세대 컴퓨터는 운영 체제가 메모리를 모니터링하면서 여러 응용 프로그램을 동시에 실행시켰다. ❞**

1950년 후반, 최초의 **집적 회로** 개발 이후 1960년 중반부터 1970년 초반까지 쓰인 3세대 컴퓨터가 등장했다. 집적 회로는 한마디로 반도체 소재로 만든 작은 칩에 레지스터, 트랜지스터, 축전기 같은 전자 부품을 모아 둔 것이다. 각각의 부품이 따로 연결된 대형 전자 회로보다 크기는 작고 성능은 동일하다. 집적 회로를 사용한 3세대 컴퓨터는 이전과 비교할 수 없을 만큼 작고 가벼워진 동시에 성능은 더 좋아졌다. 입출력 장치로는 운영 체제와 통신하는 키보드와 모니터를 사용했다. 과거의 천공 카드, 종이 출력물과 비교하면 놀라운 발전이었다.

1970년 초반, 미국의 기술 회사 인텔은 세계 최초의 상업용 집적 회로인 인텔 4004를 개발함으로써 4세대 컴퓨터 시대의 문을 열었다. 인텔 4004는 작은 칩 위에 **중앙 처리 장치**, 메모리, 입출력 제어 장치 등의 모든 컴퓨터 부품을 모아 둔 것이다. 이로 인해 컴퓨터의 크기는 또 한 번 크게 줄었고 더욱더 작고 저렴한 개인용 컴퓨터가 출시됐다.

> **❝ 4세대 컴퓨터가 개발된 후 네트워크 기술이 발달되었다. 이로써 오늘날 인터넷이란 개념이 도입될 수 있었다. ❞**

병렬 처리

아주 최근까지도 우리는 프로세서 칩 하나에 **프로세서**가 하나만 들어 있는 직렬 컴퓨터를 대부분 사용했다. 컴퓨터는 프로그램의 여러 단계를 동시에 실행할 수 없었다. 2008년 프로세서 칩 하나에 복수의 프로세서를 삽입하는 기술이 개발되었고 컴퓨터는 병렬 처리가 가능해졌다. 병렬 처리는 복수의 프로세서가 프로그램의 여러 명령을 처리하는 것이다. 이로 인해 컴퓨터의 처리 속도가 현저히 빨라졌다.

현재 5세대 컴퓨터는 연구·개발 중에 있다. 5세대 컴퓨터는 음성 인식과 **인공지능** 같은 새로운 기술의 활용으로 입출력 장치의 없이도 우리의 말을 이해하고, 실시간으로 처리함으로써 답을 내놓을 것이다. 더 나은 미래를 위해 공학자들도 계속 연구 중이고 따라서 기술도 계속 발전할 것이다. 더불어 컴퓨터의 모습과 능력도 거듭거듭 바뀔 것이다. 그런 의미에서 미래 컴퓨터는 어쩌면 우리가 전혀 상상하지 못한 모습으로 등장할지도 모른다.

양자 컴퓨터

미래에는 양자 컴퓨터로 데이터가 처리될지도 모른다. 오늘날의 컴퓨터는 이진수, 0과 1로 데이터를 코드화한다. 이때 0과 1이 각각 비트인데 비트의 순서가 곧 컴퓨터 명령어인 셈이다. 반면, 양자 컴퓨터는 양자 물리학의 중요 개념인 양자의 중첩과 얽힘을 기반으로 만들어지고, 데이터의 기본 단위로 비트 대신 큐비트를 사용한다. 양자의 중첩에 따르면 큐비트는 0인 동시에 1이 될 수 있다. 또, 얽힘에 따르면 한 쌍의 큐비트는 서로 연결돼 있다. 하나의 큐비트 값이 다른 큐비트 값에 따라 달라질 수 있다는 말이다. 우리는 아직 양자의 세계를 다 알지 못하지만, IBM이나 구글 같은 여러 기술 기업은 현재의 컴퓨터보다 훨씬 빠르고 데이터 처리 능력이 뛰어난 컴퓨터를 출시하려 양자 컴퓨터 개발에 박차를 가하고 있다.

⚙️ 인터넷의 탄생

1950년 후반부터 1960년 초반까지, 컴퓨터는 거대한 계산기일 뿐 통신 기기가 아니었다. 외부 장치와 연결할 수도 없었다. 컴퓨터끼리 운영 체제가 서로 다르면 통신도 불가능했다. 그러던 1958년, 미국 대통령 아이젠하워가 국방성 소속의 **고등 연구 계획국**을 창설했다. 이 신설 기관의 목표 중 하나는 국가의 컴퓨터 과학 능력의 강화였다. 고등 연구 계획국은 서로 다른 운영 체제에서 실행되는 컴퓨터가 네트워크로써 '의사소통'할 방법을 고안했다. 이때 만들어진 네트워크가 **아르파넷**이다. 컴퓨터가 서로 통신하기 위해 네트워크가 지켜야 할 여러 규약인 **프로토콜**도 같이 만들어졌다. 이 프로토콜은 진화를 거듭하여 현재까지도 인터넷에서 사용된다.

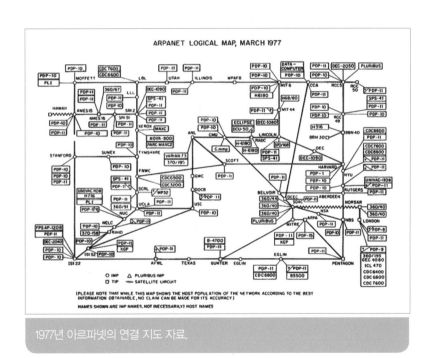

1977년 아르파넷의 연결 지도 자료.

이후 1970년대부터 1980년 초에 걸쳐 아르파넷으로 통신하는 컴퓨터의 수가 늘어났고 시간이 흘러 현재의 인터넷으로 자리 잡았다. 컴퓨터와 마찬가지로 인터넷도 여러 사람이 힘을 모아 노력한 끝에 생겨났고 조금씩 발전한 셈이다.

이제 인터넷은 전 세계 수백만 대의 컴퓨터를 연결해 준다. 초기 인터넷은 폐쇄된 연결망으로 집단 안의 한정된 사람들만 사용할 수 있었지만, 수십 년이 흘러 개방 연결망이 되면서 사용자 수가 폭발적으로 증가했다.

1991년 영국의 컴퓨터 과학자 팀 존 버너스-리(1955~)는 웹문서를 새로 만들고 서로 이어주는 시스템인 월드와이드웹WWW을 개발했다. 버너스-리는 웹문서를 만드는 언어인 HTML과 웹문서의 위치를 알려 주는 URL도 고안했다.

월드와이드웹의 등장 덕에 인터넷은 다루기 편해졌을 뿐만 아니라 정보 찾기도 수월해졌다. 우리는 아주 자연스럽게 컴퓨터, 태블릿 PC, 스마트폰으로 이메일을 확인하고 영화 스트리밍 서비스를 이용한다. 이 모든 것이 월드와이드웹 덕분이다. 게다가 인터넷 익스플로러, 사파리 같은 브라우저와 구글, 네이버 등 주요 사이트의 검색 엔진이 개발되면서 인터넷으로 정보를 찾기가 더욱 수월해졌다. 이제 인터넷은 우리에게 없어서는 안 될 중요한 도구이자 데이터를 위한 새로운 저장 공간이다. 오늘날 데이터 대부분이 인터넷이 저장된다. 다음 장에서는 데이터를 저장하는 하드웨어와 소프트웨어에 대해 알아보자!

 알·고·있·나·요·?

HTML은 'Hyper Text Markup Language'의 머리글자를 따서 지은 용어다. 이 컴퓨터 언어를 사용하여 문자, 사진, 소리, 영상, 하이퍼링크를 포함하는 웹문서를 생성할 수 있다.

생각을 키우자!

미래 컴퓨터는 지금과 비교해 어떤 새로운 역할을 할까? 데이터 저장 방식 또한 바뀔까?

생활을 바꾸다

컴퓨터는 우리의 생활 방식은 물론 데이터 생성, 기록, 처리 및 저장 방법까지 바꾸었다. 하지만 처음부터 컴퓨터가 이 모든 것을 바꿀 능력이 있었던 것은 아니다. 기술 발전 덕에 컴퓨터의 능력이 향상됐고, 대규모 데이터의 처리가 가능해지면서 오늘날처럼 성능 좋은 컴퓨터가 탄생할 수 있었다.

1〉 **1980년대 컴퓨터는 어땠는지, 주변 어른들을 인터뷰해 보자.** 아래 질문을 골라도 좋고 다른 질문을 던져도 좋다.

① 1980년대에도 집, 학교, 직장에 컴퓨터가 있었을까?

② 1980년대에는 컴퓨터를 어떻게 사용했을까?

③ 컴퓨터를 언제, 어디에서 처음 사용했을까?

④ 컴퓨터를 처음 사용할 때 느낌이 어땠을까? 무슨 용도로 사용했을까?

⑤ 컴퓨터 사용 전에는 어떻게 글쓰기나 자료 찾기를 했을까?

⑥ 컴퓨터로 인해 편해졌을까? 불편해졌을까?

2〉 **인터뷰를 통해 알아 낸 사실을 바탕으로 1980년대와 현재를 비교하라.** 컴퓨터가 우리의 삶과 데이터 이용을 어떻게 바꿔 놓았는지 서로 이야기해 보자.

이것도 해 보자!

미래 컴퓨터는 현재 컴퓨터와 어떤 점이 비슷하고, 또 다를까? 생김새? 미래 컴퓨터의 모습을 그림으로 그려 보자!

상형 문자로 이야기하기

상형 문자는 인류의 초기 문자 중 하나로 그림으로 단어나 구를 나타낸다. 많은 문화권에서 동굴, 절벽 등에 상형 문자로 데이터를 남겼다. 우리도 상형 문자를 만들어 써 보자.

1 〉 **우리 주변에는 어떤 상형 문자가 있을까?** 식당이나 낯선 곳에서 어떻게 화장실을 찾을까? 소셜 미디어에 사진을 게시하거나 친구들에게 문자 메시지를 보낼 때 그림으로 된 무엇인가를 사용하지 않는가? 주변에서 찾아낸 상형 문자를 나열해 보고, 각각의 의미가 무엇인지 적어 보자.

2 〉 **누군가에게 데이터나 정보를 전달해야 한다고 가정하자.** 샌드위치 조리법이나 화초를 기르는 법을 기록으로 남기려고 한다. 정보를 잘 전달할 수 있는 방법을 브레인스토밍 해 보자.

3 〉 **자신만의 상형 문자를 만들라.** 정보를 전달하는 글을 써서 발표해 보자. 큰 종이나 파워포인트 슬라이드에 적어 보자!

4 〉 **친구들에게 이야기를 전달해 보자.** 친구들은 상형 문자로 쓴 나의 글을 어떻게 해석할까? 친구들의 해석끼리는 어떤 차이점이 있을까? 왜 이런 차이가 발생하는 것일까?

⋔ 알·아·봅·시·다!

데이터가 한 세대에서 다음 세대로, 한 문화권에서 다른 문화권으로 전달될 때 의미가 왜곡될 가능성이 있을까?

이것도 해 보자!

다른 나라에서는 어떤 종류의 상형 문자가 사용되는지 알아보자. 낯선 상형 문자의 의미를 알아챌 수 있을까? 어떤 상황이라면 상형 문자가 글자보다 더 쉽게 이해될까?

컴퓨터의 역사

컴퓨터의 역사에는 많은 사람이 등장한다. 주판부터 컴퓨터 게임까지 여러 사람이 힘을 모았기 때문이다. 뜻깊은 사건들과 함께 컴퓨터의 역사 속 흥미로운 인물들에 대해 알아보자.

🔍 컴퓨터
역사 박물관

1› 어떤 역사적 사건 또는 사람에 대해 알고 싶은가? 한 가지 골라 보자.

- 주판
- 찰스 배비지와 에이다 러브레이스
- 홀러리스의 천공 카드
- 그레이스 호퍼
- 콜로서스 컴퓨터
- 여섯 명의 에니악 프로그래머
- 세계 최초 IBM 개인용 컴퓨터
- 애플의 맥킨토시
- 마이크로소프트 윈도우
- 구글 검색 엔진

2› 인터넷 또는 도서관에서 역사적인 사건을 조사해 보자. 그 사건은 어떤 의의가 있는가? 어떠한 문제를 해결한 사건인가? 어떻게 컴퓨터의 발전에 도움을 주었는가?

3› 조사한 자료를 바탕으로 짧은 동영상이나 프레젠테이션 발표 자료를 만들자.

이것도 해 보자!

조사한 사건은 오늘날 데이터의 수집, 저장, 사용과 어떤 연관 관계가 있을까? 그리고 어떤 영향을 미쳤을까?

천공 카드로 데이터 저장하기

천공 카드는 두꺼운 종이에 손이나 기계로 일정한 패턴의 구멍을 뚫어 만든다. 구멍을 뚫은 패턴이 곧 데이터를 의미한다. 일반적으로 천공 카드는 긴 줄에 구멍의 유무로 숫자나 문자를 표현하는데, 각각의 카드가 전달하는 데이터양은 크지 않다. 만약 천공 카드에 컴퓨터 프로그램을 적는다면 카드 한 장에 코드 한 줄을 적어 넣을 수 있다. 천공 카드는 가지런히 쌓아서 보관해야 하는데, 대체로 위쪽 귀퉁이를 잘라 정리할 방향을 표시한다.

🔍 천공 카드
일러스트

🔍 일본 천공
카드

천공 카드는 컴퓨터에 데이터를 입력하는 수단이었다. 카드에 구멍을 뚫음으로써 데이터를 써넣고, 컴퓨터 천공 카드 리더기에 삽입하면 컴퓨터가 데이터를 읽어 낸다. 컴퓨터는 데이터를 읽을 때 세로 열을 위에서부터 아래로 읽어 내린다. 한 열을 다 읽으면 바로 옆 오른쪽 열로 이동한다. 이제 자신만의 천공 암호 시스템을 만들어 보자.

A	B	C	D	E	F	G	H

1 〉 각각의 글자와 대응하는 구멍 패턴을 만들자. 만든 구멍 패턴을 써 보자.

2 〉 전달할 문장을 만들자.

3 〉 이제 나만의 천공 시스템을 사용해 보자. 카드에 구멍을 뚫고, 문장을 입력하라.

4 〉 천공 카드는 순서대로 정리하여 보관해야 한다.

5 〉 나의 천공 시스템이 올바르게 작동하는지 시험해 보자! 친구에게 나의 천공 시스템으로 작성한 문장과 색인 카드를 주고, 읽어 보게 하자. 친구들은 데이터를 올바르게 읽어 낼까? 만약 올바르게 읽어 내지 못한다면 어떤 점이 잘못됐을까?

알·아·봅·시·다!

천공 카드가 처음부터 데이터를 입력하는 수단으로 사용된 것은 아니다. 1801년 프랑스의 방직업자 조셉 마리 자카드(1752~1834)는 천공 카드 시스템으로 원단을 짤 수 있는 명령 기계를 만들었다. 천공 카드 1만 개로 프로그램을 입력하여 자신의 초상화를 검은색과 흰색 비단으로 직조해 기계의 성능을 입증하기도 했다. 이로써 프로그래밍으로 만든 최초의 직기인 자카드 직기 개발에 중요한 역할을 했다.

이것도 해 보자!

천공 카드로 숫자와 문장 기호도 입력할 수 있어야 한다. 어떻게 하면 하나의 카드에 종류가 다른 데이터를 함께 입력할 수 있을까?

48쪽 **화소(pixel):** 디지털 스크린에서 영상을 이루는 작은 점 하나하나. 영어 단어인 'pixcel'은 '그림 원소(picture element)'의 줄임말이다.

48쪽 **콘라트 추제(Konrad Zuse):** 독일 발명가 겸 공학자. 최초의 튜링 완전 계산기인 Z3을 설계했을 뿐만 아니라, Z3의 후속작인 Z4를 판매하는 회사를 차리기도 했다.

48쪽 **고트프리트 라이프니츠(Gottfried Leibniz):** 독일의 수학자이자 철학자. 수학뿐만 아니라 철학의 역사에서도 중요한 역할을 했다.

49쪽 **문자열(character string):** 데이터로 다루는 일련의 문자. 숫자를 포함하더라도 코드의 일부로 쓰이면 문자열이라 할 수 있다.

49쪽 **플래시 기술(flash technology):** 전기 에너지로 데이터를 저장하는 기술.

50쪽 **자성(magnetism):** 자석이 서로 끌어당기고 밀어내는 힘.

50쪽 **플래터(platter):** 하드 디스크 드라이브의 한 부분으로 자기량을 이용해 데이터를 저장한다.

50쪽 **읽기·쓰기 헤드(read-write head):** 디스크 드라이브 장치 내에 있는 작은 부품. 데이터를 플래터에서 읽거나 플래터에 쓴다.

50쪽 **동심원(concentric circle):** 중심이 같고 반지름이 다른 2개 이상의 원.

50쪽 **트랙(track):** 자기 하드 디스크 드라이브에서 데이터를 물리적으로 기록하는 부분.

50쪽 **섹터(sector):** 자기 하드 디스크 드라이브에서 동심원 트랙을 같은 길이로 나눈 부분의 하나.

53쪽 **RAM(random access memory):** 컴퓨터의 주기억 장치로 널리 이용되며, 컴퓨터가 작업 중인 데이터를 짧은 시간 동안 저장하는 기억 장치.

54쪽 **태양열 발전(solar power):** 태양으로부터 얻는 전기 에너지.

54쪽 **이진 데이터(binary data):** 기본 단위가 두 개의 상태만 가지는 데이터.

55쪽 **원격 서버(remote server):** 멀리 떨어진 곳에서 다른 컴퓨터에 데이터를 제공하는 컴퓨터.

56쪽 **블루레이 디스크(blu-ray disc):** DVD의 뒤를 이은 고용량 광학식 저장 매체. 화질이 좋은 것이 특징이다.

57쪽 **데이터베이스(database):** 효율적인 데이터 검색을 위해 데이터를 유기적으로 결합, 저장한 집합체.

57쪽 **관계형 데이터베이스(relational database):** 데이터를 단순히 관계나 표현식으로 나타내는 데이터베이스.

58쪽 **데이터베이스 관리 시스템(DBMS, database management system):** 컴퓨터 시스템에서 데이터의 저장, 읽기, 수정, 삭제 등을 다루는 소프트웨어.

컴퓨터는 어떻게 데이터를 저장할까?

교과서, 공책, 프린트를 마구 쑤셔 넣어 엉망진창이 된 가방 속에서 필요한 자료를 찾기란 쉽지 않다. 하지만 컴퓨터에 자료를 저장하면 상황은 다르다. 컴퓨터로는 많은 데이터를 손쉽게 수집하고 처리하고 저장할 수 있다. 그런데 컴퓨터는 어떻게 데이터를 저장하는 것일까?

컴퓨터는 데이터 저장에 여러 종류의 기억 장치를 사용한다. 기억 장치는 데이터 저장 속도와 비용에 따라 많은 종류가 있지만, 크게는 메모리와 디스크 기억 장치로 구분할 수 있다. 문서 작성이나 인터넷 사용시 생겨나는 현재 작업 중인 데이터는 메모리에 저장한다. 나중에 사용하기 위한 데이터는 디스크 기억 장치에 저장한다. 문서를 작성하다 컴퓨터를 끄고 며칠 뒤에 문서를 다시 작성할 수 있는 이유는 데이터를 디스크 기억 장치에 저장하기 때문이다.

생각을 키우자!

데이터 관리 시스템 없이 데이터를 사용하면 어떻게 될까?

컴퓨터가 어떻게 데이터를 저장하는지 이해하려면 먼저 이진법을 알아야 한다. 모든 데이터는 컴퓨터에 저장될 때 이진수로 변환되기 때문이다. 학습 보고서를 컴퓨터에 저장할 때도 문자 하나하나가 숫자로 변환돼 저장된다. 심지어 컴퓨터 저장 시에는 사진도 숫자 집합으로 변환된다. 이때 숫자 하나하나가 사진의 **화소**, 색, 밝기를 나타낸다.

우리는 일상생활에서 십진법을 사용한다. 숫자 0, 1, 2, 3, 4, 5, 6, 7, 8, 9로 수를 표현한다. 9보다 큰 수는 자릿값을 이용해 나타낸다. 자릿값은 숫자의 위치에 따라 결정되는 값이다. 십진법에서는 한 자리 올라갈수록 10배씩

알·고·있·나·요·?

이진수 체계의 숫자 0과 1은 각각 비트다. 비트는 컴퓨터에서 사용하는 가장 작은 정보 단위다.

십진법	VS.	**이진법**

| 2 | 4 | 8 | 7 | 3 | 9 | 5 | | 1 | 0 | 0 | 1 |
| 백만 | 십만 | 만 | 천 | 백 | 십 | 일 | | 8자리 | 4자리 | 2자리 | 1자리 |

이진수	0	1	10	11	100	101	110	111	1000	1001
십진수	0	1	2	3	4	5	6	7	8	9

이진법의 역사

이진법은 숫자 0과 1만을 사용하는 표기법으로, 컴퓨터 발명 이전부터 사용됐다. 오스트레일리아 원주민은 이진법으로 숫자를 셌고, 아프리카 부족민은 북소리의 고음과 저음을 이용해 먼 곳으로 메시지를 보냈다. 17세기 수학자 **고트프리트 라이프니츠**(1664~1716)가 직접 만든 기계식 계산기인 라이프니츠 계산기도 이진법으로 작동했다.

 PS 독일 발명가 **콘라트 추제**(1910~1995)는 세계 최초로 이진수로 프로그램을 짜는 컴퓨터인 Z1을 1936년부터 1938년에 걸쳐 발명했다. Z1 복원품을 함께 살펴보자!

🔍 독일 과학기술 박물관에 전시된 Z1

커진다. 2,487,395의 자릿값은 왼쪽 표(48쪽)와 같다. 그러니까 십진법은 숫자 10개로 모든 수를 표현하는 셈이다.

그런데 컴퓨터는 이진법으로 수를 표현한다. 이진법은 오직 0과 1로만 모든 수를 나타내는 표기법이다. 물론 십진법처럼 이진법도 자릿값의 개념을 사용한다. 하지만 실제 자리의 값은 다르다. 이진법에서는 한자리 올라갈 때마다 자릿값이 2배씩 커진다. 이 역시 왼쪽 표를 통해 차이를 살펴보자. 이진법의 경우 1의 자리와 8의 자리에 각각 1이 있다. 예를 들어, 이진법에서 1의 자리와 8의 자리에 각각 1이 있다면 이 이진수의 값은 십진수로 9이다. 이와 같은 방법으로 십진수의 0부터 9까지를 이진수로 나타낸 것이다. 비록 숫자가 길지만 이진수로도 모든 수를 표현할 수 있다.

⚙ 장기 기억 장치

컴퓨터는 이진수 형식의 **문자열**로 변환한 데이터를 기억 장치에 저장한다. 컴퓨터의 주요 기억 장치는 하드 디스크 드라이브다. 하드 디스크 드라이브에 영구 저장된 데이터는 언제라도 필요할 때 꺼내 사용할 수 있다. 우리가 컴퓨터에 사진, 음악, 문서 등을 저장할 때 결국 하드 디스크 드라이브에 저장하는 것이다. 작은 휴대용 기억 장치인 USB 플래시 드라이브도 데이터 영구적으로 저장하는 장치다. USB 플래시 드라이브는 작은 휴대용 기억 장치로 한 컴퓨터에서 다른 컴퓨터로 데이터를 쉽게 옮길 수 있다.

❝ 데이터 기억 장치는 옷장과 비슷하다. ❞

우리는 옷장 서랍마다 옷을 넣어 두고 필요할 때마다 꺼내 입는다. 셔츠가 필요하면 셔츠를 넣어 둔 서랍을 열면 된다. 컴퓨터의 데이터 기억 장치도 이와 비슷하다. 데이터를 특정한 서랍에 넣어 두고 필요할 때마다 찾아 쓴다. 그런데 기억 장치는 종류에 따라 자기 기술, 광학 기술, 그리고 **플래시 기술**을 사용한다.

USB 플래시 드라이브

컴퓨터 하드 디스크 드라이브
출처: William Warby (CC BY 2.0)

⚙ 하드 디스크 드라이브

하드 디스크 드라이브 같은 **자성** 이용 기억 장치는 어떻게 데이터를 저장할까? 이런 상황을 상상해 보라. 어떤 아이가 매일 친구의 집에 찾아가 문 옆에 쇠못을 두고 온다. 이때 자성을 띤 못을 두고 오면, 저녁 식사 후 놀러 오겠다는 뜻이다. 자성을 띠지 않은 못을 두고 오면, 놀러 가지 않겠다는 뜻을 전달한 것이다. 자기 기억 장치도 이 같은 방식으로 정보를 저장하고 메시지를 전달한다.

> ❝ 컴퓨터도 이처럼 자성을 이진법 방식으로 활용하여 데이터를 저장한다.
> 다른 점이 있다면 굉장히 많은 양을 다룬다는 점이다. ❞

하드 디스크 드라이브는 **플래터**와 **읽기·쓰기 헤드**로 이뤄진다. 플래터는 자성 물질로 코팅된 회전하는 원판으로 표면을 수십억 개의 작은 구역으로 나눠서 데이터를 기록한다.

이진수의 문자열로 변환된 데이터는 0이면 해당 구역이 자성을 띠지 않고, 1이면 해당 구역이 자성을 띠는 방식으로 저장된다. 일반적으로 하드 디스크 드라이브는 컴퓨터, 노트북, 혹은 다른 기기 내부의 하드웨어 장치로 데이터를 영구적으로 저장하고 필요할 때 다시 불러들인다.

컴퓨터는 하드 디스크 드라이브에 저장된 데이터를 어떻게 다시 읽어 내는 걸까? 책상 위에 아무렇게나 뒤섞인 종이 더미와 달리, 하드 디스크 드라이브에 저장된 데이터는 매우 가지런히 정돈된다. 데이터를 저장하는 플래터는 크게 **동심원** 형태의 **트랙**으로 나뉘고 트랙은 더 작은 부분인 **섹터**로 나뉜다. 하드 디스크 드라이브에는 데이터와 함께 데이터가 어느 섹터에 저장됐는지 알려 주는 지도도 저장된다.

> ☁ 알·고·있·나·요·?
>
> 하드 디스크 드라이브의 플래터는 유리나 알루미늄에 자성 물질을 입혀 만든다.

플래시 메모리

플래시 메모리는 데이터 기억 장치의 한 종류다. 플래시 메모리의 대표적인 예로는 카메라나 스마트폰에 사용하는 SD 카드, 컴퓨터 포트에 꽂아서 쓰는 외장 SSD, 그리고 USB가 있다.

새로운 데이터 저장 시, 컴퓨터는 이 지도로 빈 섹터를 찾아 읽기 · 쓰기 헤드에 저장한다. 데이터 읽어 내기도 데이터 쓰기와 방법이 비슷하다. 지도를 이용해 데이터가 저장된 섹터를 찾아 읽기 · 쓰기 헤드로 읽어 낸다.

▲ 하드 디스크 드라이브의 읽기 · 쓰기 헤드.

플래시 기억 장치는 자성 물질이 아닌 전기 에너지로 데이터를 저장한다. 플래시 기억 장치의 종류로는 SSD나 USB가 있다. 플래시 기억 장치의 메모리 칩에는 전기를 모아 두는 장치인 축전기가 있다. 컴퓨터는 축전기에 전기를 흘려보내거나 흘려보내지 않는 이진법의 방식으로 데이터를 저장한다.

> 66 플래시 기억 장치는 자기 기억 장치보다 오래가지만,
> 축전기의 저장 능력 또한 몇 년이 고작이다. 99

일부 노트북은 기억 장치로 SSD와 플래시 메모리를 사용한다. 전기 에너지를 사용하는 플래시 기억 장치가 자기 기억 장치와 비교해서 몇 가지 장점이 있기 때문이다. 컴퓨터의 전통적인 기억 장치인 하드 디스크 드라이브에는 플래터 회전 모터와 읽기 · 쓰기 헤드 같은 움직이는 부품이 있다. 하지만 SSD는 움직이는 부품 없이 메모리 칩에 바로 데이터를 저장하는데다, 모터가 없기 때문에 전력이 적게 든다. 필요한 전력이 적다는 점은 휴대용 노트북에 있어서도 큰 장점이다. 노트북은 사용 전력을 배터리에 의존하기 때문에 어떻게든 배터리의 전기를 아껴야 한다.

SSD는 데이터를 읽어 내는 속도도 하드 디스크 드라이브보다 훨씬 빠르다. 플래터 회전이나 헤드 움직임 없이 데이터를 거의 즉각적으로 읽어 내는 덕이다. SSD의 장점은 이뿐만이 아니다. 하드 디스크 드라이브는

▲ SSD 내부.

▲ SSD 외부.

충격에 약해 흔들거나 떨어뜨리면 쉽게 고장이 나곤 하는데, SSD는 동작하는 부품이 적어서 떨어뜨려도 크게 걱정할 필요가 없다. 물론 SSD가 완벽한 기억 장치인 것은 아니다. SSD는 수명에 한계가 있고 수명이 다하면 더 이상 사용할 수 없다. 그러나 다행히도 SSD의 수명은 사람들이 컴퓨터를 사용하는 기간보다 길다.

> ❝ SSD는 일반적으로 하드 디스크 드라이브보다 안정적이다. ❞

⚙ 단기 기억 장치

데이터가 아주 잠깐 필요할 순간도 있다. 예를 들어, 피자 가게의 전화번호는 배달시키는 순간에만 필요하다. 번호를 누르는 몇 초 동안에는 전화번호를 기억하지만, 피자를 먹을 때쯤이면 전혀 필요 없는 데이터라 새까맣게 잊어버리고 만다. 이런 기억을 단기 기억이라고 부른다.

컴퓨터도 이처럼 데이터가 아주 잠깐 필요할 때를 위한 임시 데이터 기억 장치가 있다. 바로 RAM이다. 컴퓨터의 메모리라고 하면, 흔히 RAM을 가리키는 경우가 많다. 컴퓨터는 RAM을 이용해 데이터에 빠르게 접근하고 사용한다. 다시 사용할 일이 없다면, 사용한 데이터는 즉각 처분된다. 그렇다면 다시 사용할 일이 생긴다면 어떻게 될까? 장기 기억 장치로 보내진다.

▼ RAM의 모습.

단기 기억 장치는 장기 기억 장치에 비교하면, 크기가 작고 처리 속도는 빠르다. 그리고 단기 기억 장치는 장기 기억 장치와 달리 전원이 꺼지면 저장된 데이터가 사라져 버린다. 따라서 컴퓨터를 사용할 때 두 가지의 기억 장치가 상호 보완적 역할을 하게 된다.

광학 기억 장치

광학 기억 장치는 **이진 데이터**를 저장하고 읽어 낼 때 레이저를 사용한다. 레이저로 디스크 표면에 있는 동심원 트랙에 홈을 파내 데이터를 저장하고, 레이저 스캐너로 평평한 표면과 홈을 전기 신호로 변환하여 데이터를 읽어 낸다. 레이저 광선은 자기 기억 장치의 읽기·쓰기 헤드보다 정교하게 제어하고 초점을 맞출 수 있어서 적은 면적에 많은 데이터를 기록할 수 있다. 자기 기억 장치와 비교했을 때, 광학 기억 장치는 데이터 저장 능력이 좋지만, 데이터 읽기 속도는 느리다. 하지만 데이터 저장 용량이 크기 때문에 많은 양의 그래픽, 소리, 문자 등을 포함하는 응용 프로그램을 저장할 때 종종 사용된다.

⚙ 온라인 기억 장치

데이터가 급증하면서 문제가 생겼다. 컴퓨터의 하드 디스크 드라이브만으로는 끝없이 늘어나는 데이터를 저장할 수 없었던 것이다. 컴퓨터를 여러 대 연결한 연결망조차 역부족이었다. 저장할 데이터가 늘어나면서 덩달아 늘어난 비용도 골칫거리였다. 심지어 데이터 손실을 대비하여 백업 데이터를 저장할 공간까지 추가로 필요했다. 이런 문제들을 해결하기 위해 사람들은 온라인상에 데이터를 저장하는 기억 장치에 눈을 돌렸다.

> **❝ 온라인 기억 장치는 플래시 드라이브 또는 외장형 드라이브와 같은 물리적인 장치가 필요 없다. ❞**

온라인 기억 장치는 인터넷을 통해 데이터를 **원격 서버**에 저장한다. 사용자가 직접 서버를 소유할 필요 없이 비밀번호만 있으면 먼 곳에 있는 서버에 접속할 수 있다. 서버 공급자는 일정한 요금을 받고 (때때로 무료로) 데이터 보안, 데이터 백업, 서버 유지 관리 등 여러 서비스를 제공한다. 온라인 기억 장치에 데이터를 저장하는 일을 데이터를 '클라우드'에 저장한다고 표현하기도 한다. 구글의 크롬북은 컴퓨터 자체 기억 장치의 데이터 저장 용량은 적지만 데이터를 클라우드에 쉽게 저장할 수 있다.

⚙ 데이터 저장 단위

우리는 흔히 32GB 스마트폰이라고 말하곤 한다. 이때 32GB는 데이터 저장 용량이 32기가바이트라는 뜻이다. 앞서 살펴봤듯이 컴퓨터에 저장되는 데이터는 0과 1로만 이루어진 이진수 데이터로 변환되어 저장된다. 이때 이진수 하나는 1비트이고, 비트가 8개 모여 1바이트가 된다. 1바이트를 만들 수 있는 이진수 조합의 경우의 수는 256이다. 이를 통해 문자, 숫자, 단어 모두 표현할 수 있다.

데이터 용량을 이야기할 때, 우리는 종종 킬로, 메가, 기가 같은 표현을 사용한다. 킬로는 1,000만큼씩 커지는 것으로, 데이터 1킬로바이트는 1,000바이트이다. 경우에 따라 1킬로바이트를 1,000바이트 또는 1,024바이트라고도 말하기도 한다. 컴퓨터에서는 이진법을 적용하기 때문에 2의 거듭제곱으로 1,000에 가장 가까운 수(2^{10}=1,024)를 선택하면서 생겨난 차이점이다. 이런 이유로 1메가바이트는 1,000킬로바이트(1,024킬로바이트)이고, 1기가바이트는 1,000메가바이트(1,024메가바이트)이다.

스마트폰, 태블릿, 하드 디스크 드라이브, 메모리 카드 등 개인용 전자 기기들은 데이터 저장 용량을 기가바이트로 표기한다.

❝ 블루레이 디스크의 용량은 25기가바이트이다. ❞

오늘날 주로 사용하는 기억 장치의 데이터 용량 단위 가운데 가장 큰 것은 테라바이트이다. 이는 1조 바이트에 해당한다. 덧붙여 컴퓨터가 주로 기억 장치로 사용하는 하드 디스크 드라이브의 데이터 용량 또한 2~3테라바이트에 이른다.

1비트 = 8비트

1	0	1	0	0	1	0	1
1비트	1비트	1비트	1비트	1비트	1비트	1비트	1비트

1바이트(B)	=	8 비트
1킬로바이트(KB)	=	1,024바이트
1메가바이트(MB)	=	1,024킬로바이트
1기가바이트(GB)	=	1,024메가바이트
1테라바이트(TB)	=	1,024기가바이트

⚙ 데이터 관리

처리할 데이터의 양이 늘어날수록 데이터를 체계적으로 정리해야 한다. 평소 옷장 서랍을 잘 정리해 놓는다면 원하는 색과 모양의 양말을 신고 싶을 때 쉽게 찾을 수 있다. 하지만 서랍 속이 뒤죽박죽이라면 구석구석 뒤져야 간신히 양말을 찾을 수 있을 것이다. 시간이 많이 걸리는 것은 말할 필요도 없다. 컴퓨터 속도가 느려지는 것도 비슷하다.

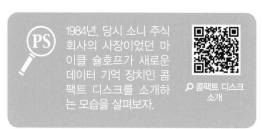

PS 1984년, 당시 소니 주식회사의 사장이었던 마이클 슐호프가 새로운 데이터 기억 장치인 콤팩트 디스크를 소개하는 모습을 살펴보자.

🔍 콤팩트 디스크 소개

❝ 컴퓨터 속도가 느리다는 것은 데이터를 찾는 시간이 길다는 의미다. ❞

데이터 관리란 결국 대용량 데이터의 저장과 불러오기가 잘 이뤄지게끔 하는 일이다. 데이터를 관리한다는 것은 컴퓨터 시스템이 작업을 수행하기 가장 좋은 상태로 만들어 준다는 뜻이기도 하다. 데이터 관리는 아래 같은 부분을 포함한다.

☑ 데이터를 쉽게 읽어 낼 최적의 저장 방법을 찾아낸다.
☑ 허락받은 사람만이 데이터에 접근하도록 한다.
☑ 컴퓨터에 무리 없는 데이터 접근 방식을 정한다.
☑ 컴퓨터 시스템 또는 하드웨어가 작업 수행에 실패할 경우, 복원 가능한 백업 데이터를 만든다.
☑ 데이터 보관 기간을 설정한다.
☑ 소프트웨어와 사용자 사이의 데이터 주고받기 방식을 정한다.
☑ 기술 발전이 데이터 관리에 어떤 영향을 주는지 알아본다.

⚙ 데이터베이스로 데이터 관리하기

데이터베이스 만들기는 데이터 관리의 한 방법이다. 데이터가 1권의 '책'이라면 데이터베이스는 '도서관'이다. 우리는 마치 도서관에 책을 보관하듯 데이터베이스에 데이터를 보관할 수 있다. 여기서 기억해야 할 점은 도서관의 책들이 나중에 찾기 쉽도록 잘 정리된 채 꽂혀 있다는 사실이다. 이와 비슷한 이유로 데이터베이스도 데이터를 잘 정리해서 보관한다. 데이터베이스는 모든 종류의 정보를 보관할 수 있다. 숫자, 문자, 이메일, 전화번호 등과 같이 무엇이라도 말이다.

데이터베이스는 전자 문서 정리 시스템이다. 데이터베이스의 구성 요소로는 필드, 레코드, 테이블이 있다. 이 중 가장 작은 단위는 필드다. 만약 A학생의 데이터를 정리한다면, 필드는 학생의 이름, 전화번호, 주소 같은 각각의 단일 요소를 가리킨다고 볼 수 있다. 필드를 전부 채워 넣은 가로 행 하나를 레코드라고 부른다. 이를테면, 1개의 레코드는 학생의 성, 이름, 전화번호, 거주 도시, 세부 주소, 우편번호, 이메일 주소 같은 7개의 필드로 구성 가능하다. 그리고 필드와 레코드를 모두 모은 것이 바로 테이블이다.

관계형 데이터베이스를 이용하면 여러 테이블의 데이터를 연결할 수 있다. 학생 정보 저장 테이블과 선생님 정보 저장 테이블이 있다면, 학년과 반으로 학생과 선생님의 관계를 연결해 1학년 1반의 선생님과 학생 정보를 찾아볼 수도 있는 것이다. 또한, 관계형 데이터베이스는 여러 테이블에서 함께 정보를 불러들일 수도 있다. 학생 사진만 저장된 테이블과 학생 정보가 저장된 테이블에서 학생의 정보와 사진을 함께 보여 주는 식이다. 현대의 데이터베이스는 글, 숫자, 음성 파일, 사진, 동영상처럼 서로 다른 유형의 데이터를 함께 저장하는 일이 가능하다.

데이터베이스에서 데이터를 얻을 때는 **데이터베이스 관리 시스템**이라는 특별한 프로그램을 사용한다. 이 관리 시스템은 사용자와 데이터베이스 사이에서 플랫폼 역할을 하며, 사용자로 인해 데이터가 망가지는 것을 막는다.

❝ 관리 시스템으로 불러들이기와 편집은 물론 새로운 데이터 추가도 가능하다. ❞

특별한 목적이 있는 소프트웨어는 그 소프트웨어만을 위한 데이터베이스 관리 시스템도 종종 포함한다. 가령, 노트북에서는 사진과 동영상을 저장하고 편집할 때 내장된 관리 시스템을 사용한다.

전자 문서 정리 시스템의 데이터베이스 구성 요소

필드 + 레코드 묶음 = 테이블

	필드1	필드2	필드3	필드4	필드5	필드6	필드7
필드항목	성	이름	전화번호	거주 도시	세부 주소	우편번호	이메일
레코드1	김	구름	02-123-****	서울	**동	1XXXX	abc@t-ime.com
레코드2	이	푸름	031-456-****	경기	**동	2XXXX	def@t-ime.com
레코드3	박	이슬	064-789-****	제주	**동	3XXXX	ghi@t-ime.com

하드 디스크 드라이브 충돌!

컴퓨터 사용자라면 "하드 디스크 드라이브가 망가졌어!"라는 말만큼 듣고 싶지 않은 말도 없을 것이다. 저장된 서류, 사진, 동영상, 음악 그 어떤 것도 불러들이지 못하고 텅 빈 화면을 바라봐야 하는 순간은 상상만 해도 끔찍하다. 하드 디스크 드라이브가 물리적 충격을 받아 작동하지 않는 상황을 하드 디스크 드라이브 충돌이라고 부른다. 떨어뜨리거나 강하게 흔들려 생긴 충격으로 인해 하드 디스크 드라이브의 움직이는 부품인 모터나 플래터가 작동하지 않는 것이다. 읽기 · 쓰기 헤드가 뒤틀리면서 플래터를 긁어 데이터를 손실하기도 하고, 플래터 자체가 손상되기도 한다. 바이러스나 악성 소프트웨어로 인해 하드 디스크 드라이브가 응답하지 않기도 하고, 심지어 작은 먼지 한 톨 때문에 플래터의 자성 물질이 훼손돼 데이터가 사라지기도 한다. 안타깝지만, 하드 디스크 드라이브 충돌로 인해 손실한 데이터는 끝내 복구되지 못하는 경우도 있다. 이럴 때를 대비해 여분의 하드 디스크 드라이브, USB, 클라우드 기억 장치 등에 백업 데이터를 저장해 두는 것이 중요하다.

솔직히 데이터의 양이 많지 않다면, 데이터 관리는 어려운 일이 아니다. 하지만 데이터의 크기가 커지면 어떨까? 어떻게 해야 데이터를 사용하기 쉽게 관리할 수 있을까? 다음 장에서 빅데이터에 대해 살펴보자.

생각을 키우자!

데이터베이스 관리 시스템의 장단점은 무엇일까?

이진수 이해하기

컴퓨터는 사진, 음악, 문서, 소프트웨어 등 다양한 유형의 데이터를 이진수의 문자열로 저장한다. 컴퓨터 명령어를 모아 둔 프로그램도 중앙 처리 장치가 직접 읽어 내는 이진 코드로 저장한다. 컴퓨터뿐만 아니라 DVD, 스마트폰, 인공위성 등 모든 디지털 장비는 이진수를 사용한다. 그러므로 이진수를 잘 이해해야 한다. 이진수를 이해하기 위해 십진수로 바꿔 보자.

1 〉 우선, 이진수 1011을 십진수로 바꿔 보자.

8자리 위치	4자리	2자리	1자리	십진수
1	0	1	1	
1 × 8 = 8	0 × 4 = 0	1 × 2 = 2	1 × 1 = 1	11

① 각 자리 수에 위칫값을 곱해 십진수로 변환한다. 1자리 수는 1이다. 그러므로 1×1=1이다.

② 2자리 수는 1이다. 그러므로 1×2=2이다.

③ 4자리 수는 0이다. 그러므로 0×4=0이다.

④ 8자리 수는 1이다. 그러므로 1×8=8이다.

⑤ 모든 숫자를 더한다. 8+0+2+1=11이다. 이진수 1011은 십진수 11과 같다.

2 〉 계속해서 다음의 이진수를 십진수로 바꿔 보자.

이진수	십진수
1001	
10	
11	
1111	
1010	
110	
10001	
10011	

정답

이진수	십진수
1010	10
110	6
1001	17
11001	19

이진수	십진수
1001	9
10	2
11	3
1111	15

데이터 구성하기

컴퓨터는 자기, 전자, 광학 기억 장치에 데이터를 저장한다. 컴퓨터 소프트웨어는 전부 이진수로 구성, 작동, 처리된다. 컴퓨터에 전원을 키면, 기본 입출력 시스템(BIOS, basic input/output system)이 컴퓨터를 작동시키고, 컴퓨터 운영 체제(OS)와 하드 디스크, 키보드, 마우스, 프린터 같은 주변 장치 사이의 데이터의 흐름을 관리한다. BIOS는 간단한 명령어들을 가지고 있는데, 명령어들은 데이터 이동과 처리에 쓰인다. 컴퓨터의 운영 체제도 명령어들을 가지고 있다. 이 명령어들은 데이터를 파일과 폴더로 구성하는데 쓰인다. 또한, 컴퓨터 운영 체제는 임시 데이터 저장을 관리하고 응용 프로그램 및 프린터 등의 주변 장치로 데이터를 보낸다. 그리고 그 후, 응용 프로그램은 전달받은 데이터를 처리한다.

이것도 해 보자!

이번에는 십진수를 이진수로 바꿔 보자. 이진수의 위칫값은 2배씩 올라간다는 점을 기억하자!

색깔을 데이터로 저장하기

작은 스마트폰부터 초대형 텔레비전까지 디지털 스크린은 빛의 삼원색인 빨간색(Red), 녹색 (Green), 파랑(Blue)을 이용해서 다채롭고 화려한 이미지를 만들어 낸다. 이런 방식을 RGB 방식 이라고 부른다. 디지털 스크린을 이루는 작은 픽셀은 빨간색, 초록색, 파란색 빛의 조합을 만들어 낸다. 픽셀은 빨간색, 초록색, 파란색 전구를 한데 두고 각각 전구 빛의 밝기를 조절하는 방법으로 다양한 색을 만들어 낸다. 각 전구 빛의 밝기는 0에서 255까지 조절할 수 있다.

1〉 픽셀이 색 만드는 방법을 이해하기 위해 하얀색과 빨간색이 어떻게 만들어지는지 살펴보자. 하얀 색을 만들기 위해서는 모든 전구는 최대로 밝게 빛나야 한다. 빨간색을 만들기 위해서는 빨간색 전구만 밝게 빛나야 한다.

색	(빨간, 초록, 파란)
하얀색	(255,255,255)
빨간색	(255,0,0)

2〉 컴퓨터는 각 픽셀의 RGB 조합을 이진수 문자열로 변환 저장한다. 색은 8비트의 이진수로 표현한 다. 픽셀의 RGB는 8비트 이진수의 세 묶음으로 코드화된다. 십진수의 0은 이진수로 00000000 이고, 십진수의 255는 이진수로 11111111이다. 예를 들어, 빨간색(255,0,0)은 이진수로 11111111,00000000,00000000으로 나타낼 수 있다.

3〉 이제, 색깔을 이진수 데이터로 변환해 보자. 아래의 색깔을 이진수로 나타내 보자.

색	(빨간, 초록, 파란)	이진수
검정색	(0,0,0)	
하얀색	(255,255,255)	
빨간색	(255,0,0)	
초록색	(0,255,0)	
파란색	(0,0,255)	
청록색	(0,255,255)	
자홍색	(255,0,255)	
노랑색	(255,255,0)	
회색	(128,128,128)	
옅은 노랑색	(200,180,120)	

이것도 해 보자!

일부 컴퓨터 프로그램은 십육진법으로 색깔을 나타낸다. 십진법은 숫자 10개로, 이진법은 숫자 2개로 수를 나타내듯 십육진법은 숫자 16개로 수를 나타낸다. 십육진법은 십진법에서 사용하는 숫자 10개(0, 1, 2, 3, 4, 5, 6, 7, 8, 9)와 알파벳 6개(A, B, C, D, E, F)를 사용한다. 십육진법으로 어떻게 색깔을 표현하는지 알아보고 친구에게 십육진법 사용법을 소개하자.

손으로 데이터베이스 작성하기

데이터베이스가 있으면 데이터를 쉽게 찾을 수 있다. 우리 주변 데이터로 데이터베이스를 만들어 보자. 비디오 게임, DVD, 책 목록 정리만으로도 훌륭한 데이터베이스가 완성된다.

1〉어떤 데이터로 데이터베이스를 만들지 결정하자. 아래의 목록을 참고하라.

- 친구들 이름, 주소, 연락처
- 읽은 책들
- 즐겨 하는 게임들
- 여행지

2〉데이터베이스의 레코드 목록을 작성하라. 독서 목록을 데이터베이스로 만든다면 각 책 제목이 레코드가 된다.

3〉각 레코드에 어떤 필드가 필요한지 브레인스토밍 해 보자. 독서 목록을 데이터베이스로 만든다면 아래와 같은 필드가 필요할 것이다.

- 제목
- 읽은 날짜
- 책 표지의 재질
- 저자
- 쪽수
- 구매한 책 또는 빌려본 책인가?
- 출판사
- 분야
- 추천할 만한 책인가?
- 출판일
- 읽은 장소

4〉메모지에 필드 이름을 쓰고, 두꺼운 종이판 맨 윗줄에 붙여라.

5〉각 레코드의 필드를 메모지에 적어 필드 이름 아래에 줄 맞춰 붙여라. 그다음 친구에게 완성한 데이터베이스를 보여 주고 필요한 정보를 찾도록 하라.

이것도 해 보자!

작성한 데이터베이스를 컴퓨터 프로그램 엑셀로 작성해 보자! 가로 행과 세로 열에 어떤 정보를 적어 넣어야 할까? 데이터를 어떻게 분류해야 엑셀 파일을 보기 좋게 정리할 수 있을까? 작성한 엑셀 파일은 데이터를 알아보고 사용하기 쉬운가? 이유를 설명해 보자.

이진 코드로 메시지 보내기

컴퓨터는 글을 어떻게 저장할까? 글자 그대로 저장하는 것이 아니라, 하나하나 이진수 문자열로 변환해 저장한다. 글자를 이진수로 바꿔서 친구에게 비밀 메시지를 전달하자!

1 > **어떤 비밀 메시지를 보낼까?** 생각해 보자. 짧은 메시지를 골라 종이에 적어 보자.

2 > **QR 코드로 글자를 이진수로 바꾼 표가 있는 웹사이트에 들어가 보자.**

3 > **비밀 메시지를 이진수로 바꿔 보자.**

4 > **이제 친구에게 이진수로 만든 비밀 메시지를 보내자.** 이때 이진수 변환표가 있는 웹사이트를 함께 보내 메시지를 해독하도록 하자. 친구는 메시지를 이해했는가?

🔍 문자·이진수
변환표

5 > **친구에게 받은 비밀 메시지를 해석해 보자.** 이진수를 글자로 변환하여 메시지를 읽을 수 있는가?

이것도 해 보자!

이진수로 비밀 메시지를 작성하는 데 시간이 얼마나 걸렸는가? 컴퓨터나 전자 기기가 오직 이진수로만 의사소통할 수 있다면 어떨까?

72쪽 **기상청(National Weather Service):** 날씨를 관찰하고, 예측하는 기관.

73쪽 **데이터 분석(data analytics):** 데이터를 검토한 다음 결론을 끌어내는 과정.

73쪽 **UPS(United Parcel Service):** 미국 조지아에 본사를 두고 있는 세계적인 국제 화물 운송 기업.

74쪽 **표적 광고(targeted):** 정확한 고객군을 설정하고, 타겟이 되는 고객군만을 위한 광고.

74쪽 **독감(influenza):** 전염성이 높은 호흡기질환. 감염되면 고열과 함께 목과 근육이 심하게 아프고 쉽게 피로해진다.

74쪽 **바이러스(virus):** 세포에 기생하여 질병을 일으키는 비세포성 미생물. 컴퓨터의 정상적인 동작에 나쁜 영향을 미치거나 저장된 데이터나 프로그램을 파괴하는 프로그램도 바이러스라고 부른다. 생물학에서 다루는 바이러스처럼 컴퓨터 바이러스도 자기 자신을 복제해 다른 컴퓨터에 전염시키는 특성이 있기 때문이다.

75쪽 **질병통제예방센터(CDC, Centers for Disease Control and Prevention):** 미국 연방정부기관인 보건복지부 산하 기관 중 하나. 전염병 유행 시기를 예측하고, 경로 를 파악하는 등의 일을 한다.

75쪽 **대유행(pandemic):** 전염병이 세계적으로 유행하는 현상.

75쪽 **백신(vaccine):** 전염병 예방 주사.

75쪽 **진단(diagnose):** 병 상태나 원인을 판단함.

77쪽 **검색 쿼리(search query):** 인터넷 검색 엔진에 입력하는 질문.

77쪽 **검색어(keyword):** 데이터를 검색할 때, 특정한 내용이 들어 있는 정보를 찾기 위하여 사용하는 단어나 기호.

77쪽 **상관관계(correlation):** 두 가지 가운데 한쪽이 변화하면 다른 한쪽도 따라서 변화하는 관계.

79쪽 **구조화 데이터(structured data):** 미리 정해진 방식으로 정돈된 데이터. 데이터베이스 레코드의 필드가 한 예이다.

79쪽 **비구조화 데이터(unstructured data):** 미리 정해진 방식으로 정돈되지 않은 데이터로 사진이 한 예이다.

79쪽 **해커(hacker):** 컴퓨터 시스템의 내부 구조와 동작을 잘 아는 전문가. 다른 사람의 컴퓨터 시스템에 침입하여 사용자 행위 및 데이터를 불법으로 열람·변조·파괴하는 이를 가리키는 말이기도 하다.

79쪽 **에퀴팩스(Equifax):** 미국 조지아에 있는 세계적인 신용 정보 기관.

커다란 데이터

데이터가 하는 일이 놀랍긴 한데...

왜 그래?

모든 데이터를 저장한다고 생각하면 좀 꺼림칙해!

하지만 결국 저장한 데이터를 유용하게 사용하잖아.

맞아. 데이터가 우리에게 얼마나 많은 도움을 주는지 알아?

우리는 지금까지 데이터가 무엇인지에 대해 공부했다. 사실과 통계를 모아 놓은 것이 바로 데이터다. 그렇다면 빅데이터는 무엇일까? 우리는 왜 빅데이터를 알아야 할까? 오늘날 신문과 뉴스에는 왜 '빅데이터'라는 용어가 오르내리는 것일까? 빅데이터는 어떻게 수집되고 저장되는 것일까?

빅데이터는 보통 컴퓨터가 자동으로 수집하고 저장한 데이터를 가리키는데, 최근 몇 년 동안 이에 대한 관심이 폭발적으로 높아졌다. 데이터를 수집, 저장, 처리하는 컴퓨터의 능력이 크게 향상되면서 데이터양도 기하급수적으로 증가했기 때문이다. 기억 장치의 데이터 저장 용량이 늘어나고, 인터넷이 발전하면서 빅데이터는 나날이 더욱더 거대해지고 있다. 그러면서 조금씩 우리의 일상에 단순히 사실과 통계를 모아 놓은 것 이상의 영향력을 미치고 있다.

🌱 생각을 키우자!

빅데이터는 우리에게 도움이 될까? 아니면 오히려 해를 끼칠까?

빅데이터의 성장에는 기술 발전이 많은 영향을 끼쳤다. 먼저 하드 디스크 드라이브, 플래시 드라이브, 메모리 카드 등 여러 기억 장치의 데이터 저장 용량이 늘어났다. 저장할 수 있는 절대 용량이 늘어났다는 점은 빅데이터의 발전에 무시할 수 없는 요소다. 또한 컴퓨터 프로세서와 통신 속도가 빨라지면서 데이터 처리 속도도 눈에 띄게 빨라졌다. 거기다 스마트폰, 노트북, 교통 카메라, 내비게이션 등 다양한 전자 기기가 서로 인터넷으로 서로 연결되면서 다양한 형태의 데이터를 많이 모으는 일이 가능해졌다.

⚙ 규모, 속도, 다양성

빅데이터의 특징으로는 다음 세 가지를 꼽을 수 있다. 규모가 크고, 속도가 빠르며, 형태가 다양하다는 뜻이다. 이 같은 이유로 빅데이터는 과거의 데이터와 다르다.

빅데이터의 기준은 사용자에 따라 달라질 수 있다. 작은 기업에서라면 1만 개의 항목만 들어 있는 데이터 파일도 빅데이터로 취급될 수 있다. 하지만 큰 기업에서는 이 정도 규모의 데이터를 빅데이터라고 부르지 않을 수도 있다. 이와 비슷하게, 오늘날 빅데이터라고 여겨지는 데이터가 5년 뒤에는 더 이상 빅데이터가 아닐지도 모른다. 지금같이 빠르게 컴퓨터 기술이 발전한다면 충분히 가능한 이야기다.

> 💬 알·고·있·나·요·?
>
> 특징별로 맨 앞글자의 알파벳을 따 빅데이터의 특징을 '3V'라고 부르기도 한다.
> - 규모(Volume): 오늘날 이용 가능한 데이터 규모가 방대하다.
> - 속도(Velocity): 데이터가 매우 빠른 속도로 수집된다.
> - 다양성(Variety): 데이터 출처 및 형태가 매우 다양하다.

❝ 빅데이터는 어디에서나 만들어진다. ❞

우리가 온라인 쇼핑을 하면 우리가 어떤 상품에 관심이 있는지, 무엇을 구매했는지, 인터넷상에서 어떤 행동을 습관적으로 반복하는지에 대한 데이터가 만들어진다. 소셜 미디어 계정에 게시물을 올리거나 다른 사람의 게시물의 '좋아요'를 누르거나 공유하는 행위도 모이면 빅데이터가 된다. 기업이 보유한 직원 데이터나 상품의 판매 데이터도 빅데이터다.

내장 센서도 빅데이터를 생성한다. 오늘날에는 의료 기기, 교통 카메라, 인공위성, 자동차, 가전 기기 등 많은 전자 기기가 내장 센서로 다양한 유형의 데이터를 추적한다. 예를 들어, 손목시계 형태의 웨어러블 트래커는 걸음걸이, 생활 방식, 소모 칼로리양, 수면 주기 등의 데이터를 수집한다. 이 밖에도 소셜 미디어, 사무용 프로그램, 팟캐스트와 같은 미디어 플랫폼이나 라이브 스트리밍, 동영상 서비스가 빅데이터를 만들어 낸다.

취향 저격 콘텐츠!

애플 아이튠즈나 넷플릭스에서 취향에 맞춰 추천한 콘텐츠를 본 적이 있는가? 이런 서비스들은 어떻게 알고 우리의 취향에 맞는 음악과 영화를 추천하는 걸까? 이런 인공지능 추천 서비스 뒤에 숨은 일등공신은 바로 데이터다. 기업은 사용자의 전자 상거래 데이터를 모아 추천한다. 예를 들어, 당신과 같은 음악을 산 사람들이 새로운 음악에 높은 별점을 주면 아이튠즈는 당신에게 그 음악을 추천한다.

▼ 당신이 소셜 미디어에 게시한 글과 사진을 누군가 추적하고 있을지도 모른다. 출처: Blogtrepreneur (CC BY 2.0)

⚙ 빅데이터로 무엇을 할까?

빅데이터가 어디서 만들어지는지 아는 것도 중요하지만 빅데이터로 무엇을 해야 할지 아는 것도 중요하다. 많은 데이터가 쌓여 있어도 무엇을 해야 할지 모른다면 아무 소용이 없다. 방 청소를 제대로 하지 않고 온갖 잡동사니를 옷장에 쑤셔 박은 적이 있는 사람이라면 분명 나중에 필요한 물건을 찾을 때 옷장 속 이곳저곳을 뒤지며 고생한 경험이 있을 것이다. 덧붙여, 필요하지도 않은 물건을 쌓아 놓으면 필요한 물건을 찾을 때 헤맬 위험이 있다. 데이터 역시 마찬가지다. 단순히 많은 데이터를 저장하는 것은 별의미가 없다.

> ❝ 무분별한 데이터 저장은 의미가 없다. 빅데이터는 계획적으로 수집하고 효율적으로 구성해야 의미 있는 정보가 된다. ❞

그렇다면 빅데이터는 일상생활에서 어떻게 사용될까? 사실 일상생활에서는 빅데이터의 역할이 두드러진다. 예를 들어, 온라인 쇼핑몰을 운영하는 운영자의 경우 고객의 구매 정보를 데이터로 만들어 어느 요일, 어느 시간, 계절에 따라 어떤 제품을 선호하는지 파악할 수 있다.

더 나아가 많은 사람이 모여 사는 커다란 도시에서는 매일 수백만 명의 사람이 버스나 지하철 같은 대중교통을 이용한다. 각각의 버스나 지하철은 승객 수, 이동 경로, 운행 시간 등과 관련하여 수백만의 데이터 포인트를 만들어 낸다. 이를 통해 어떤 시간에 사람들

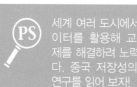

PS 세계 여러 도시에서 빅데이터를 활용해 교통 문제를 해결하려 노력해 왔다. 중국 저장성의 사례 연구를 읽어 보자!

🔍 빅데이터 사례 연구

이 많이 타는지, 어떤 대중교통 수단을 사람들이 많이 이용하는지 알아낼 수 있다.

도시의 행정 관리자는 이렇게 수집한 데이터를 분석함으로써 버스나 지하철의 노선과 시간표 계획에 유용한 정보를 얻고, 대중교통 서비스의 제공자와 수혜자 모두가 만족할 방안을 찾아낸다. 이처럼 빅데이터는 유용하게 활용될 수 있다.

⚙ 빅데이터는 누가 사용할까?

빅데이터는 산업 전반에 걸쳐 활용된다. 금융, 교육, 의료, 유통 등 다양한 분야의 기업이 빅데이터의 도움으로 기업 활동을 하고 있다.

은행은 빅데이터로 위험을 최소화하고 금융 사기를 초기에 잡아낸다. 의료 전문가들은 빅데이터로 전염병을 감시하고 질병을 고친다. 제조업체들은 빅데이터로 더욱 효율적인 상품을 만들어 비용을 절감한다.

학교에서는 빅데이터로 어려운 환경에 처한 학생들을 파악해 도움의 손길을 내민다. 미국 퍼듀대학교에서는 빅데이터를 활용한 학생들의 학업 성과 향상 사례도 보여 줬다. 퍼듀대학교는 특별한 시스템 개발로 각 수

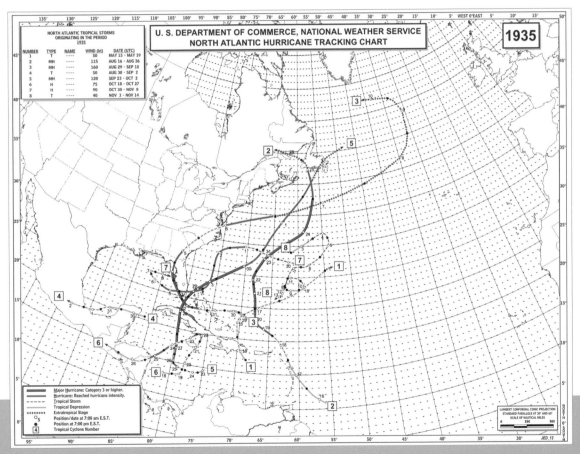

1935년 허리케인의 이동 경로. 과학자들은 지난 10년 동안의 데이터를 검토하고 무엇을 예측했을까?

출처: NOAA

업에서 학생들의 학습 상황을 추적했고 학업 성취가 낮은 학생들에게는 미리 알림을 보냈다.

기상청은 온도계, 기압계, 우량계, 전파탑, 위성사진 등 다양한 출처로부터 기상 데이터를 모아 날씨를 예측하고 기후를 파악한다.

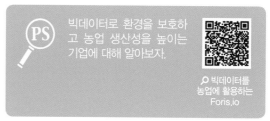

PS 빅데이터로 환경을 보호하고 농업 생산성을 높이는 기업에 대해 알아보자.

🔍 빅데이터를 농업에 활용하는 Foris.io

> **❝** 과학자들은 1800년대의 기상 데이터 분석으로 인간이 기후 변화에 일정한 영향을 끼쳤음을 알아냈다. **❞**

⚙️ 빅데이터는 왜 중요할까?

앞에서도 말했지만 쏟아지는 데이터를 그대로 긁어모은다고 바로 쓸모 있는 정보가 되지 않는다. 데이터는 적절하게 가공하고 분석해야만 비로소 가치 있는 정보로 활용 가능해진다. 이렇게 얻은 정보들은 중요한 판단 앞에서 결정적인 도움을 줄 수 있다. 만약 데이터 분석으로 기업이 소비자가 원하는 바를 정확히 알아낸다면 어떤 일이 벌어질까? 우리는 더 좋은 상품 또는 서비스를 제공받을 수 있을 것이다. 예를 들어, 통신사는 소비자들의 전화나 문자 메시지 발신 데이터를 수집하고 분석하여 송신탑 세우기에 최적화된 장소를 찾아낼 수 있다. 통신 서비스의 품질을 높일 수 있다.

데이터로 오피오이드 중독 치료하기

미국 전역이 오피오이드로 몸살을 앓는 중이다. 오피오이드는 아편과 비슷한 마약성 진통제로 그 중독자가 수백만 명에 달한다. 미국 피츠버그대학교의 연구자들은 어떤 정부 정책이 가장 효과적으로 오피오이드를 억제할 수 있는지 알아내기 위해 빅데이터를 활용하는 컴퓨터 모델을 개발했다. 컴퓨터 모델의 알고리즘은 다양한 출처의 데이터로 오피오이드 중독의 과거와 현재 양상을 파악하고 미래를 예측했다. 그 뒤 각각 정책안이 얼마나 과다 복용자와 과다 복용으로 인한 사망자의 수를 줄일 수 있는지 모의 실험을 했다. 이때 마리화나의 합법화와 아편계 마약의 과다 복용 치료제인 날록손의 사용 확대 정책도 함께 검토했다. 피츠버그대학교 연구진은 그들의 연구 결과가 정책 결정자들의 더 좋은 판단에 도움이 되기를 바란다고 전했다.

유통 기업은 빅데이터로 소비자를 파악한다. 소비자가 좋아하는 것과 싫어하는 것이 무엇일까? 새로운 고객에게 다가가려면 어떤 마케팅 방법이 필요할까? 소비자는 어떤 신상품을 원할까? 이러한 물음에 대답하기 위해 빅데이터를 이용한다. **데이터 분석**은 원시 데이터에서 유용한 정보를 얻어 내는 과정이다. 예를 들어, 정부는 공공사업이나 공공기관으로부터 얻은 빅데이터 분석으로 교통 체증과 범죄 해결 등 여러 문제 해결에 도움을 얻는다.

미국 물류 회사 UPS도 빅데이터로 비용을 절감했다. UPS는 10만대에 달하는 배송 차량에 센서를 부착했다. 센서는 배송 차량의 업무 수행과 이동 경로 데이터를 수집했다. UPS는 수집한 데이터와 온라인 지도 정보 활용으로 배송 차량의 이동 경로와 배송 기사의 출퇴근 경로를 재설계했다. 그 결과 배송 경로의 효율성이 좋아지고 배송에 걸리는 시간을 줄일 수 있었다. UPS의 모든 배송 차량이 하루 동안 움직이는 거리가 과거보다 약 13억 6,800킬로미터를 줄었고 약 3,200만 리터의 연료를 절약했다. 기업과 환경 모두에게 좋은 일이다.

⚙ 소셜 미디어와 빅데이터

블로그, 포스트, 페이스북, 인스타그램, 스냅챗, 트위터, 핀터레스트 성향의 소셜 미디어는 사용자가 직접 게시하는 글, 사진, 동영상과 같은 콘텐츠와 '좋아요' 또는 공유 횟수로 사용자 반응 데이터를 매일매일 쏟아낸다. 이처럼 새로운 종류의 데이터는 기업과 소비자의 소통 방식을 크게 바꿔 놓았다.

지금과 달리 과거에는 기업이 나이와 거주 지역별, 혹은 결혼 여부 등 특정 기준별로 소비자를 나눠 집단마다 달리 마케팅했다. 하지만 이런 단순한 세분화 방식은 큰 효과가 없었다.

같은 반 친구들에게 새로운 초콜릿 아이스크림을 홍보한다고 생각해 보자. 같은 지역에 살고 있는 또래지만 모든 친구들이 초콜릿 아이스크림을 좋아하는 것은 아니다. 어떤 친구는 바닐라 아이스크림을 좋아하고 또 어떤 친구는 아이스크림 대신 쿠키를 좋아할 것이다. 그렇다면 지역과 나이가 같아 한 집단으로 묶인 친구들에게 같은 방식으로 초콜릿 아이스크림을 광고하거나 판매할 경우 최고의 효과를 기대하기 어렵다. 하지만 오늘날의 기업은 소셜 미디어 빅데이터를 분석함으로써 소비자들을 관심사 기준으로 묶을 수 있다. 마찬가지로 이 상황에서도 학생들을 취향에 따라 분류하면 같은 반 학생일지라도 초콜릿 아이스크림 그룹, 바닐라 아이스크림 그룹, 쿠키 그룹으로 나눌 수 있다. 이로써 **표적 광고**가 가능해진 셈이다.

자전거를 사려고 검색한 후, 소셜 미디어와 방문하는 웹사이트마다 온통 자전거 광고가 뜨는 경험을 한 적이 있을 것이다. 이미 검색한 자전거 광고가 뜨는 경우도 종종 볼 수 있다. 기업은 바로 이런 방식으로 개인의 온라인 활동을 추적하고 개인의 필요에 맞는 광고를 보여 준다. 한 가지 예로 미국 메이시 백화점은 소셜 미디어에서 잠재 고객의 취향 및 백화점에 대한 긍정 평가와 부정 평가를 모아 분석함으로써 유행을 미리 알아낼 수 있었다. 메이시 백화점이 사용한 방법은 트위터에 '재킷'을 검색한 사람들이 어떤 단어를 함께 사용하는지 살펴보는 것이었다. 고객의 데이터를 분석한 메이시 백화점은 재킷이라는 단어가 '마이클 코어스'나 '루이비통'이라는 단어와 함께 자주 검색된다는 사실을 알아차렸고, 주력 상품으로 유통할 재킷의 브랜드를 결정했다. 이는 매출 상승에 큰 영향을 주게 되었다.

알·고·있·나·요·?

북아메리카 프로 미식축구 리그에 소속된 애틀랜타 팰컨스 미식축구팀은 GPS 기술을 활용해 선수들의 움직임 데이터를 수집했고, 이를 분석하고 반영해서 향상된 경기력을 보였다.

⚙ 빅데이터와 건강 관리

2009년 4월, 열 살짜리 남자아이가 **독감**(인플루엔자)을 의심하며 병원을 찾았다. 의사는 진료를 하다가 황당함에 고개를 갸우뚱거렸다. 아이의 몸속에서 아주 특이한 독감 **바이러스**를 발견했기 때문이다. 아이는 사람이 아니라 동물을 공격하는 바이러스에 감염된 상태였다. 이틀 뒤, 두 번째 환자가 발생했다. 200킬로미터 떨어진 곳에서 여덟 살 아

알·고·있·나·요·?

신종 인플루엔자(H1N1) 바이러스는 처음에 돼지 독감이라고 불렸다. 돼지에게만 감염되는 바이러스와 아주 비슷하게 생겼기 때문이다.

이가 똑같은 바이러스에 감염된 채 발견된 것이다. 두 아이는 서로 알지도 못했을 뿐더러 만난 적도 없었다. 미국 **질병통제예방센터**는 두 아이를 감염시킨 바이러스가 이전에 밝혀지지 않은 독특하고 위험한 바이러스임을 깨달았다.

> **❝ 질병통제예방센터는 재빨리 새로운 독감 바이러스,**
> **신종 인플루엔자에 대한 조사에 나섰다. ❞**

신종 인플루엔자는 확산 속도가 매우 빨라 몇 주 만에 세계적으로 **대유행**할 조짐이 보였다. 새로운 바이러스와 맞서 싸울 **백신**을 채 만들어 내지도 못했는데 말이다. 질병통제예방센터는 바이러스의 확산을 막아야만 했다. 우선 바이러스의 잠복 지역을 알아내야 했다. 미국 전지역의 모든 의료 관계자에게 신종 인플루엔자 **진단**받은 환자가 발생하면 즉시 질병통제예방센터에 알려 달라고 요청했다. 의료 관계자들로부터 정보를 얻은 질병통제예방센터는 신종 인플루엔자의 유행 경로 예측 모델을 만들고, 각 지방 정부와 협력해 대응 계획도 세웠다. 이로써 백신의 생산량과 공급 방법을 결정하려 했던 것이다.

하지만 질병통제예방센터가 정보를 충분히 얻으려면 일주일에서 이주일이 지나야 했다. 발 빠른 바이러스는 그동안 얼마든지 퍼져 나갈 수 있었다. 바이러스를 막아야 하는데, 필요한 정보는 없는 막다른 상황이었다. 이 같은 위기 상황에서 세계적인 검색 엔진 기업 구글이 팔을 걷어붙였다.

구글은 다가올 겨울에 유행할 독감 대응을 위해 미국뿐만 아니라 전 세계를 대상으로 이미 독감 예측 시스템을 만들고 있었다. 몸이 아픈 사람들이 곧바로 병원에 가는 것이 아니라 인터넷에 '독감 증상' 혹은 '열' 같은 단어를 검색할 것이라고 생각했기 때문이다. 신종 인플루엔자에 대해서도 마찬가지였다. 예를 들어, 미국 메릴랜드주 볼티모어시에서 '열'이나 '목 통증'이라는 단어의 검색량이 급증하면 얼마 지나지 않아 실제로 신종 인플루엔자가 유행할 것이라고 추정했다.

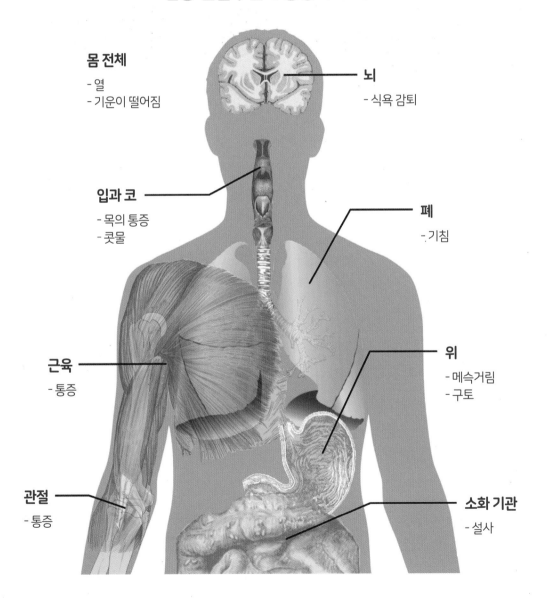

신종 인플루엔자 증상 포스터

몸 전체

- 열
- 기운이 떨어짐

뇌

- 식욕 감퇴

입과 코

- 목의 통증
- 콧물

폐

- 기침

근육

- 통증

위

- 메슥거림
- 구토

관절

- 통증

소화 기관

- 설사

빅데이터의 한계

구글 보고서는 실시간 독감 예측 서비스인 구글 독감 트렌드를 처음 선보이며 정확도가 질병통제예방센터 데이터와 비교해 97% 수준일 것이라고 주장했다. 하지만 2012년 말부터 2013년 초까지의 겨울 독감 시즌 동안 구글 독감 트렌드는 미국에서 발생할 독감 사례를 실제보다 더 많이 예측했다. 왜 이런 일이 벌어졌을까? 각종 미디어에서 독감 관련 뉴스를 보도하자 예상과 달리 독감에 걸리지 않은 사람들도 독감 증상을 검색했다. 또한, 구글의 엔지니어가 밝혀낸 사실에 따르면 독감 예측 모델은 독감뿐 아니라 독감이 아닌 다른 증상의 유사 검색어도 함께 검색 쿼리를 수집하고 있었다. 구글 독감 트렌드 서비스는 2015년 종료됐고, 구글은 현재 질병통제예방센터가 활용할 수 있도록 검색 쿼리를 전달하고 있다.

 구글 독감 트렌드의 과거 데이터를 살펴보자. 웹사이트의 숫자들이 아리송하기만 하다. 데이터양이 너무 많아서 사람이 읽어 내기 어렵기 때문이다. 역시 우리에겐 컴퓨터가 필요하다!

🔍 구글 독감 트렌드

> **❝ 구글은 데이터 예측 시스템으로
> 신종 인플루엔자의 확산 경로 예측이 가능하다고 믿었다. ❞**

    구글은 이 검색 결과를 바탕으로 신종 인플루엔자 예측 알고리즘을 개발하려 했다. 전 세계의 사용자들이 매일 30억 개씩 새로 만들어 내는 엄청난 양의 **검색 쿼리**가 전부 보관 중이었기 때문에, 사용 가능한 데이터는 아주 많이 준비돼 있었다.

    당시 예측 알고리즘의 정확도 검증은 2003년부터 2008년까지의 데이터를 활용했다. 구글의 독감 관련 **검색어**가 급증하는 시기와 질병통제예방센터가 보유한 실제 독감 발생 데이터를 비교해보았다. 그 결과, 인터넷 검색 횟수와 실제 독감 발생 사이의 높은 **상관관계**를 확인할 수 있었다. 검색 데이터로 신종 인플루엔자 확산 예측 모델을 만들면 어떻게 퍼져 나갈지 미리 알아낼 수 있었다. 게다가 몇 주씩 기다리지 않고, 문제 발생 시점에 바로 알아낼 수 있었다.

    구글의 예측 시스템은 질병통제예방센터의 예측 모델보다 더 빠르고 효과적으로 신종 인플루엔자의 확산 경로를 예측해 냈다. 더불어 실시간으로 데이터를 반영하여 추정치를 업데이트했다. 덕분에 보건 당국은 구글의 예측 시스템을 활용하여 신종 인플루엔자가 유행할 위험이 있는 지역에 미리 알릴 수 있었다.

오늘날 우리는 온라인으로 많은 일을 해낸다. 심지어 오프라인에서 하는 일도 온라인에 기록된다. 오프라인 쇼핑을 떠올려 보자. 쇼핑몰에서 옷을 살 때 우리는 여러 상점을 돌아다니며 셔츠, 스웨터, 청바지를 둘러본다. 집으로 돌아갈 때 우리 손에 들린 것은 오직 파란 셔츠 한 장뿐이라 할지라도 말이다. 이때 아무도 모르게 누군가 우리의 쇼핑을 지켜볼 수 있다는 것이 믿어지는가? 쇼핑몰 관리자들은 여러 수단을 통해 고객이 상품을 살펴보는 시간을 재거나 움직임 동선을 기록한다. 이렇게 만들어진 데이터는 상품과 서비스의 질을 높이고 상품을 배치함에 있어 많은 도움을 준다.

반면, 위 사례는 빅데이터의 윤리적 문제를 분명히 보여 준다. 오늘날에는 스마트폰, 가정 기기에 부착된 센서, 온라인 활동 기록 등으로 쉼 없이 소비자 데이터가 만들어진다. 기업과 생산자는 이런 데이터를 바탕으로 소비자의 이해도는 물론 생산 활동까지 개선한다. 이 같은

 알·고·있·나·요·?

미국은 개인 정보의 수집, 사용 및 공유를 규제하는 법이 통일되지 않은 채, 몇몇 연방 정부 법과 주 정부 법으로 나뉘어져 있으며 금융이나 의료와 같은 특별한 분야에서 발생하는 데이터를 관리한다.

▼ 기업은 쇼핑몰 이용객의 동선 데이터를 수집하고, 상품을 배치할 때 참고한다.

일은 모두에게 이익을 가져다 주지만, 개인 정보를 드러내기도 한다.

2016년 덴마크의 한 연구자 집단이 유명한 데이트 웹사이트 오케이큐피드 사용자 7만 명가량의 데이터를 공개했다. 사용자가 사이트에 가입하며 응답한 설문 조사 자료 수천 건을 포함해 이름, 나이, 성별, 지역 등 개인 특성을 알아낼 수 있는 정보까지 포함하고 있었다.

66 웹사이트 사용자는 자신의 데이터가 대중에게 공개되리라고는 상상도 못 했을 것이다. 99

기업들이 빅데이터 수집에 열을 올릴수록 윤리 문제가 불거지고 있다. 데이터의 주인은 누구일까? 빅데이터의 사용을 어디까지 허용해야 할까? 개인 정보는 온라인에서 또 오프라인에서 얼마큼 지켜져야 할까? 우리는 이제 어떤 종류의 데이터를 개인 정보가 아닌 공공 데이터로서 공유할 것인지 논의를 시작해야 한다. 동시에 기업은 빅데이터를 어떻게 사용하는지 투명하게 공개해야 한다.

게다가 데이터 저장량이 늘어나면서 데이터 도난이나 불법 사용의 위험도 커지고 있다. 기업이 보관 중인 데이터 유출 사고의 급증도 그

 **알·고·있·나·요·?**

구조화 데이터는 사전에 정해진 방식대로 정돈된 데이터다. 데이터베이스의 필드가 구조화 데이터의 한 예이다. 반면, **비구조화 데이터**는 미리 정해진 방식으로 정돈되지 않은 데이터를 말한다. 이메일이나 사진이 비구조화 데이터의 한 예이다.

위험 중 하나다. 접근 권한이 없는 **해커**들이 주민등록번호, 비밀번호, 금융 정보 등의 회원 개인 정보를 훔치는 것이다. 2017년 미국 신용평가 기관 **에퀴팩스**는 미국 전체 인구의 절반에 달하는 1억 4,300만 명의 개인 정보를 분실했다고 털어놓았다. 이 같은 개인 정보 유출은 왜 문제가 될까? 해커들이 데이터를 손에 넣으면 어떤 일이 벌어질까?

단지 컴퓨터 네트워크의 작동 방식을 알고 싶어서 데이터에 접근하는 호기심 많은 해커도 있지만, 나쁜 마음으로 컴퓨터 네트워크에 침입해 데이터를 훔치는 해커들도 있다. 데이터가 돈이 되기 때문이다. 그렇다면 어떻게 우리의 개인 정보를 안전하게 지킬 수 있을까? 아래 소개할 몇 가지 방법을 기억하라.

☑ 소셜 미디어 플랫폼의 공개 범위를 안전하게 설정하라.

☑ 비밀번호, 주민등록번호, 주소와 같은 개인 정보를 다른 사람에게 알려 주지 마라.

☑ 신중하게 게시물을 올려라. 미래의 직장 관리자나 가족이 알기를 원치 않는 것들은 인터넷에 올리지 마라.

우리 주변엔 항상 빅데이터가 있다. 빅데이터는 계속 진화하고 범위가 커지고 있다. 하지만 안전하게 보관하는 기술은 아직 충분치 않다. 그리고 빅데이터에 대한 우리의 이해도 아직 부족하다. 다음 장에서는 우리가 데이터를 더 깊이 이해하기 위해 어떤 노력하는지 알아볼 것이다.

생각을 키우자!

빅데이터를 안전하게 수집하고 관리하려면 어떻게 해야 할까?

개인 정보 지키기 vs. 편리하게 이용하기

온라인으로 쇼핑할 때마다 생성되는 데이터로 기업은 소비자에 대해 파악하고, 구매를 예측한다. 이 정보들로 고객 끌어모으기용 판촉 행사도 구상한다. 그런데 데이터 수집은 어느 지점부터 프라이버시 침해일까?

1> 개인 정보 지키기와 빅데이터의 혜택 사이에 균형점은 어디일까? 빅데이터의 장단점을 브레인스토밍 해 보자. 빅데이터의 유용함과 개인 정보에 대한 위협도 함께 생각해 보자. 생각을 정리한 후에 표를 작성해 보라.

2> 기업이 원하는 방식으로 빅데이터를 활용할 수 있어야 할까? 아니면 개인 정보가 더 중요하므로 빅데이터 활용 범위를 제한해야 할까? 찬성과 반대 가운데 입장을 정한 다음 자신의 주장을 뒷받침하는 글을 써 보자.

 미국 시민들은 기업의 개인 정보 수집을 감시할 수단이 없다는 사실을 불만족스럽게 여긴다. 이와 관련하여 펜실베이니아대학교의 애넌버그스쿨에서 발표한 보고서를 읽어 보자.

🔍 펜실베이니아 대학교 데이터 트레이드오프

이것도 해 보자!

빅데이터 사용 규제를 위한 개인정보보호법률이 필요할까? 법안에는 어떤 내용이 들어가야 할까?

빅데이터를 찾아보자

데이터는 대부분 원시 데이터 상태로 수집된다. 데이터가 정돈되지 않아 뒤죽박죽인 상태라는 뜻이다. 제대로 정돈되지 않은 데이터는 출처를 알아내기도, 사용하기 좋게 가공하기도 어렵다. 이번 탐구 활동에서는 아래의 웹사이트가 제공하는 데이터를 평가해 보자.

● 웹사이트 기록 보관소

🔎 인터넷
아카이브

● 풍향 센서 연결망

🔎 어스
스쿨 넷

● 트위터 감성 분석

🔎 트위터 감성
분석 시각화

● 대체 연료 탐지기

🔎 EERE
탐지기

스포츠 분야에서 활용되는 빅데이터

요사이 스포츠 분야에서 데이터 활용 사례가 늘어나고 있다. 선수 개개인에 대한 데이터와 통계 자료 분석으로 경기 패턴을 파악하고, 결과를 예측하기도 한다. 스포츠 프로팀은 대부분 데이터 분석 전문가 또는 분석팀이 따로 있다. 어떤 선수를 선발할지, 어떻게 수비 선수들을 배치할지, 선수 기용 시 드래프트, 프리에이전트, 트레이드 가운데 어떤 방법을 활용할지 결정할 때 빅데이터 분석 결과는 유용한 참고 자료다.

웹사이트를 하나 골라 다음 질문에 답하라.

- 사이트는 어떤 종류의 데이터를 제공하는가?
- 웹사이트는 어떤 형식으로 데이터를 제공하는가? 데이터 제공 형식은 편리한가? 데이터를 이해하기에 적절한 형식인가? 형식을 개선할 방법이 있는가?
- 웹사이트 제공 데이터는 정적 데이터인가? 동적 데이터인가?
- 웹사이트 제공 데이터는 잠재적으로 유용한가? 데이터와 정보를 어떻게 사용할 수 있을까?
- 데이터 출처는 어디일까? 신뢰할 수 있는 출처일까? 신뢰할 수 있다면, 또는 없다면 이유가 무엇일가?

알·아·봅·시·다·!

글로벌 데이터 분석업체 스태티스타(Statista.com)에 따르면 2017년 디지털 사진의 85%가 스마트폰으로 찍은 사진이고, 디지털 카메라로 찍은 사진은 10.3%에 불과하다. 스마트폰 카메라는 어떤 모습으로 진화할까? 시계 카메라? 액세서리 카메라? 옷 카메라? 어떤 종류의 카메라가 나타나길 기대하는가?

이것도 해 보자!

데이터 이용에 어떤 제한을 둬야 할까? 데이터를 이용할 때 개인 정보 보호나 정보 보안과 관련하여 생각해 볼 점은 없을까?

빅데이터로 타깃 소비자 정하기

기업들은 빅데이터로 소비자를 파악하고 효과적인 마케팅 캠페인 및 판촉 행사를 설계한다. 이때 이용하는 빅데이터는 직업, 나이, 구매 이력, 결혼 유무, 독서 습관, 신용 기록, 심지어 온라인 대화를 포함하기도 한다. 빅데이터를 활용한 타깃 마케팅이 어떻게 매출을 올리고 마케팅 비용을 줄이는지 살펴보자.

1> **3가지 상품(하모니카, 농구공, 물감)을 판매하는 마케팅 책임자라고 가정해 보자.** 마케팅 비용을 줄이면서 판매량을 늘릴 방법은 무엇일까?

2> **각각의 상품을 홍보하는 전단을 만들어 보자.** 반 친구들에게 무작위로 전단을 나눠 주자. 이때 1명에게 한 종류의 전단만 준다.

3> **하모니카 전단을 받은 사람 중 얼마나 많은 사람이 실제로 하모니카를 구매할까?** 농구공 전단을 받은 사람들 가운데 얼마나 많은 사람이 실제로 농구공을 구매할까? 물감은 어떨까? 판매 데이터를 기록하자.

4> **반 친구들의 데이터를 모아 보자.** 취미에 따라 반 친구들을 스포츠 그룹, 미술 그룹, 음악 그룹으로 분류하자. 이제 친구의 취미에 맞춰 다시 상품 홍보 전단을 나눠 주자. 얼마나 많은 사람이 실제로 상품을 구매할까? 판매 데이터를 기록하자.

5> **반 친구들의 데이터로 표적 마케팅을 해 보자.** 결과를 시각 자료로 만들어 친구들에게 들려주자.

이것도 해 보자!

어떤 종류의 데이터가 반 친구들을 작은 집단으로 나눌 때 도움이 될까? 어떻게 비용을 줄이고 판매 수익을 늘릴까?

탐·구·활·동

빅데이터 해석하기

기업은 판단을 내릴 때 빅데이터를 활용한다. 기업이 어떻게 빅데이터로 고객의 행동을 살펴보고 결론을 이끌어 내는지 알아보자. 텔레비전 프로그램의 케이블 및 인터넷 제공업체에서 일한다고 가정해 보자. 고객에 대해 파악해서 가장 효과적인 콘텐츠와 광고 시간표를 작성해야 한다. 마케팅 부서는 이미 설문 조사로 신규 고객의 시청 데이터를 아래처럼 파악했다.

질문: 이번 한 주 동안 텔레비전을 몇 시간 동안 시청하셨습니까?	
여성 응답자 15명	남성 응답자 15명
4, 2, 8, 15, 20, 1, 5, 6, 9, 12, 7, 3, 4, 10, 8	10, 12, 15, 8, 5, 17, 24, 18, 3, 9, 11, 20, 10, 14, 15

질문: 평소에 어떤 종류의 텔레비전 프로그램을 주로 시청하십니까?	
여성 응답자 15명	남성 응답자 15명
드라마-6명, 예능-4명, 다큐-2명, 스포츠-3명	드라마-2명, 예능-4명, 다큐-1명, 스포츠-8명

1 〉 아래 질문에 답하여 데이터를 분석하라.

- 한 주간 여성들의 평균 텔레비전 시청 시간을 계산하라. 평균 시청 시간을 계산하기 위해 모든 시청 시간을 더한 뒤 응답자의 수로 나누어라.
- 한 주간 남성들의 평균 텔레비전 시청 시간을 계산하라.
- 여성들이 가장 즐겨 보는 텔레비전 프로그램 두 가지는 무엇인가? 남성들이 가장 즐겨 보는 텔레비전 프로그램 두 가지는 무엇인가?
- 이 데이터를 통해 여성과 남성의 시청 패턴에는 어떤 차이가 있는가? 이 정보를 통해 어떻게 프로그램을 편성할 것인가?

이것도 해 보자!

성별에 따른 데이터 해석은 고정관념의 한 형태일까, 아닐까? 왜 그렇게 생각하는지 말해보자.

88쪽 **시각화(visualization):** 그림이나 눈에 보이는 형태로 나타내 보이는 것.

88쪽 **히트 맵(hit map):** 색상으로 표현 가능한 다양한 정보를 일정한 이미지 위에 열 분포 형태의 시각 그래픽으로 출력한 지도.

89쪽 **상호작용(interactive):** 둘 사이에 오가는 정보의 흐름.

90쪽 **레노버(Lenovo):** 컴퓨터, 태블릿은 물론 서버, 전자 저장 장치 등을 개발하고 만드는 중국의 다국적 전자 기기 회사.

91쪽 **치코스(Chico's):** 미국의 여성 의류 기업. 1983년 플로리다 사니벨 아일랜드에서 작은 매장으로 시작했으나, 현재는 미국과 캐나다 전역에 1,500개 매장을 운영할 만큼 커졌다.

92쪽 **데이터 웨어하우스(data warehouse):** 다양한 출처의 데이터를 저장하는 하나의 창고.

92쪽 **예측 모형화(predictive modeling):** 데이터 마이닝과 확률을 이용하여 결과를 예측하는 과정.

93쪽 **데이터 마이닝(data mining):** 대량의 데이터를 검토하고 분석함으로써 의미 있는 결론을 도출하는 것.

94쪽 **머신 러닝(machine learning):** 컴퓨터에 일련의 예시를 주고 과제를 수행하도록 하여 스스로 습득하게 하는 컴퓨터 과학 분야.

94쪽 **웹 분석(web analytics):** 웹사이트 안에서 정보 이동량과 관련한 데이터를 추적하여 수집, 분석하고 그 결과를 알리는 소프트웨어 프로그램.

100쪽 **선 표본점(line plot):** 대상을 몇 개로 나눈 다음, 나눈 선에서 일정한 거리를 두고 나눈 선과 평행하는 선상에서 일정 간격으로 추출한 표본점.

100쪽 **범위(range):** 숫자로 된 데이터 집합에서 가장 큰값과 작은값의 차이.

100쪽 **최빈값(mode):** 숫자로 된 데이터 집합에서 가장 많은 빈도로 나타나는 값.

100쪽 **중앙값(median):** 숫자들을 일렬로 나열할 때 한가운데 있는 값.

100쪽 **상자 수염 그림(box-and-whisker plot):** 기술 통계학에서 자료로부터 얻어낸 통계량인 5가지 요약 수치를 가지고 수치적 자료를 표현하는 그래프이다.

데이터 이해하기

기업과 정부는 이미 방대한 데이터를 수집했고, 수집한 데이터로 하고 싶은 일도 명확하다. 하지만 데이터가 아무리 많아도 무슨 의미인지 모른다면 말짱 도루묵이다. 의미를 알 수 없는 데이터로는 할 수 있는 일이 거의 없으니까 말이다.

데이터를 모으는 일은 단지 시작에 불과하다. 빅데이터가 빛을 발하려면 데이터의 의미를 잘 알아차려야 한다. 하지만 데이터의 의미를 알아차리는 일은 솔직히 꽤 어려운 일이다. 어쨌거나 우리는 컴퓨터처럼 이진수를 읽어 낼 수 없지 않은가! 그렇다고 낙담할 필요는 없다. 방법이 아예 없는 것은 아니니까. 그럼 지금부터 데이터를 읽어 내는 몇 가지 방법을 알아보자.

생각을 키우자!

왜 시각 데이터가 더 이해하기 쉬울까?

⚙ 시각화하라!

뭐든 눈으로 보면 쉽게 이해할 수 있는 법이다. 어렵고 복잡한 데이터를 쉽게 이해하고 싶다면 데이터를 **시각화**된 자료로 만들면 된다! 예를 들어, 화학 실험 결과나 용돈의 사용처 같은 데이터는 그래프로 나타낼 수 있다. 용돈을 어디에 얼마를 사용했는지 알아보고자 한다면 원그래프를 그려 정리를 해 보자. 어디에 가장 많이 썼는지 한번 힐긋 쳐다보기만 해도 알아차릴 수 있다. 학교 끝나고 집으로 돌아가는 길에 친구들과 군것질하며 용돈을 펑펑 썼다는 사실을 깨달으면, 군것질을 줄임으로써 용돈을 알뜰하게 쓸 수 있다. 혹시 아는가. 이렇게 절약한 용돈으로 평소에 갖고 싶었던 물건을 살 수도 있을지도 모른다! 이 밖에도 다양한 데이터를 원그래프, 선그래프, 막대그래프 등으로 보기 좋게 시각화할 수 있다.

기업도 같은 방식의 시각화 기술로 데이터를 이해한다. 데이터 시각화는 데이터를 그림 같은 형태로 바꿔서 이해하기 쉽게 만드는 일이다. 그림뿐만 아니라 그래프, 인포그래픽 등 여러 형태로 바꿀 수도 있다. 일단 데이터의 형태를 시각적으로 바꿔놓으면 숫자나 문자 데이터 속에 감춰진 데이터 사이의 경향이나 상관관계도 손쉽게 파악할 수 있다.

 알·고·있·나·요?

히트 맵은 다양한 색으로 데이터의 많고 적음을 이차원적인 이미지로 표현한다.

> ❝ 데이터 시각화 도구는 단순하기도 하고 복잡하기도 하다. ❞

단순한 막대그래프나 선그래프로 데이터를 명확하게 표현할 수 있다. 인포그래픽, 지도, 히트 맵 등의 형태로도 데이터를 제시한다. 시각화된 이미지는 사용자와 **상호작용**하기도 한다. 이미지의 한 부분을 누르면 더 자세히 설명하거나 데이터의 상태 변경을 알린다. 문자로 알려 주는 은행 계좌의 입출금 내역 등이 그 예이다.

⚙ 데이터 분석

복잡하고 많은 데이터의 이해 방식은 시각화뿐만이 아니다. 데이터 분석도 있다. 데이터 분석이란 원시 데이터를 살펴보고 가공해 결과를 도출하는 일이다. 1950년대 기업들은 데이터를 하나하나 살펴봄으로써 데이터에 숨은 흐름을 파악했다. 오늘날에는 컴퓨터의 데이터 처리 속도와 능력이 향상돼 과거와 비교할 수 없이 빠른 속도로 데이터를 분석한다.

> **"** 기업은 점처럼 흩어진 데이터 사이의 관계를 파악하고 경향을 분석해 의사 결정에 반영한다. **"**

우리가 반려동물 돌봄 제품을 생산하는 회사의 사장이라고 해 보자. 어떡해야 경쟁자들보다 더 빠르고 효율적으로 소비자의 마음을 사로잡을 새로운 상품을 개발할 수 있을까? 관련 데이터를 더 많이 모으고 더 정확하게 분석한다면 소비자 마음에 쏙 드는 상품을 시기적절하게 시장에 내놓을 수 있지 않을까? 데이터 분석은 이처럼 문제 해결의 열쇠가 될 수 있다.

데이터 분석은 산처럼 쌓인 데이터를 분류하고 결론 내리는 일이다. 예를 들어, 소비자가 좋아할 만한 상품을 알아내려면 판매 데이터를 분석하면 된다. 데이터를 그래프에 정리하고 분석 도구로 반려동물의 품종, 상품의 종류, 장소와 같은 기준으로 분류하면 소비자의 마음을 엿볼 수 있을 것이다.

☁ 알·고·있·나·요·?

온라인 판매자들은 특별한 도구로 경쟁자들이 판매하는 상품의 가격을 확인하고 자신의 상품 가격을 조정함으로써 판매 이익을 극대화한다.

종종 특별한 컴퓨터 시스템이나 소프트웨어로 데이터를 분석하기도 한다. 일반적으로 이미 일어난 사건에 대한 기록이나 실시간으로 처리 가능한 데이터가 분석 대상이다. 데이터 종류와 분석의 방법이 다를지라도 목표는 하나다. 데이터 사이의 상관관계와 숨은 경향을 파악하여 더 나은 결정을 내리는 것이다.

⚙ 데이터 분석은 왜 중요할까?

데이터가 아무리 산처럼 쌓여 있어도 사용할 수 없다면 무슨 소용일까? 데이터 분석은 데이터의 숨은 뜻을 찾아내 의미 있는 정보로 활용되게끔 한다. 기업은 데이터 분석으로 판매량을 늘리고, 비용을 줄이고, 효율성을 강화한다. 궁극적으로 생산자, 판매자, 소비자 모두에게 좋은 일이다.

여러 산업 분야의 기업들은 소비자를 만족시키기 위해 노력한다. 하지만 소비자의 마음을 알아차리고 이를 수치화하는 일은 무척 어려운 일이다. 상품을 구매하고 몇 주가 지나서야 불만 어린 투덜거림을 듣는 경우도 종종 있다. 이럴 때 데이터 분석은 빛을 발한다.

> ❝ 이제 기업은 데이터 분석을 통해 곧바로 문제를 알아내고 수정할 수 있다. ❞

세계적으로 유명한 컴퓨터와 태블릿 제조사, **레노버**는 데이터 분석으로 소비자의 만족도를 높은 수준으로 유지한 바 있다. 당시 레노버는 키보드 배열을 새롭게 바꾼 신상품 준비 중이었다. 각종 데이터로 시장 분석

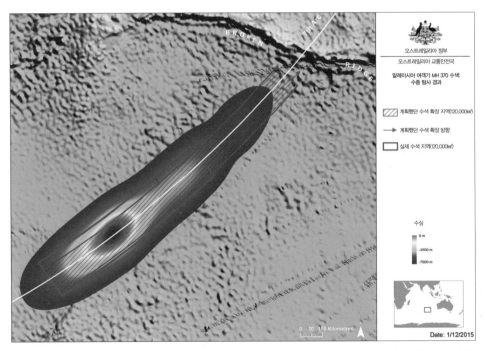

▲ 물속에 잠긴 비행기의 추락 예상 지점을 나타낸 히트 맵. 데이터로 실종자 수색을 도운 사례이다.
출처: Australian Transport Safety Bureau (CC BY 4.0)

이제 우리는 상점에서 발품 팔며 여러 옷을 입어 본 뒤 겨우 한 벌 사서 집으로 돌아오는 수고를 들일 필요가 없다. 클릭 몇 번으로 웹사이트에서 마음에 드는 옷을 살 수 있기 때문이다. 미국의 여성 의류 소매업체 **치코스**는 데이터 분석으로 소비자가 원하는 상품, 구매를 결정하는 요소, 고객과 소통하는 가장 좋은 방법을 알아냈다. 모든 고객에게 동일한 내용의 상품 홍보 이메일을 보내기보다 데이터를 분석함으로써 개개인에게 맞춤형 광고를 보냈다. 이를 통해 비용은 절감하면서도 소통의 질은 높일 수 있었다.

자료를 만드는 레노버의 통합 분석 연구팀은 '레노버'라는 키워드가 들어간 온라인 텍스트 데이터를 수집하여 분석했다. 그러다 우연히 기존 사용자가 컴퓨터 디자인, 특히 키보드를 칭찬한 게시물을 발견했다. 달린 댓글만 2,000개가 넘었다.

댓글을 쓴 사람들은 프리랜서 개발자나 게이머 같은 사람들이었다. 레노버 연구팀은 이내 그 사람들이 적은 숫자지만 막강한 영향력이 있는 집단이라는 사실을 깨달았다. 댓글을 단 사람들은 기존 키보드 디자인에 매우 만족하고 있었다. 만약 키보드 배열을 변경한다면 레노버 사용자들은 새로운 디자인에 크게 실망하고 다른 기업의 상품으로 눈을 돌릴지도 모르는 상황이었다. 이 같은 정보는 전통적인 의견 청취 방식으로는 발견할 수 없었을 것이다. 결국 레노버는 키보드의 디자인을 바꾸려던 계획을 취소했고 엄청난 비용 손실을 막을 수 있었다.

데이터 분석 과정

데이터 분석은 많은 단계를 거쳐야 한다. 프로젝트의 규모가 크고 복잡할수록 초반에 해야 할 작업이 많은데, 데이터를 수집하고 정리해서 준비하는 일이 상당하기 때문이다. 데이터가 준비되면 제일 먼저 분석 모형을 만들어야 한다. 분석 모형은 개발, 시험, 수정을 반복하며 올바른 작업을 수행할 수 있도록 한다. 이때는 데이터 분석가와 데이터 엔지니어 등 여러 분야의 전문가가 함께 팀을 이뤄 프로젝트를 수행한다.

그다음으로 데이터 과학자가 분석 프로젝트 수행에 필요한 데이터의 종류를 알아낸다. 그런 뒤 데이터 엔지니어나 다른 정보 기술 전문가와 협력해 데이터를 수집한다. 원시 데이터는 출처가 여러 곳이라 데이터 형식이 제멋대로인 경우가 많다. 이럴 때 데이터 과학자와 엔지니어는 데이터를 편집해 형식을 통일시킨다. 이로써 데이터베이스나 **데이터 웨어하우스** 같은 데이터 분석 도구에 데이터를 로딩할 준비가 마친 것이다.

이제 준비한 데이터를 정리해야 한다. 분석에 영향을 미칠 만한 요인을 찾아서 고치는 과정이다. 이를테면, 중복 데이터를 찾아내 삭제하는 특수 프로그램을 사용할 수도 있다. 분석 도구가 읽을 수 있도록 데이터를 체계적인 형태로 정리하기도 한다.

이어서 데이터 분석 모델을 만든다. 이때 **예측 모형화** 도구나 기타 소프트웨어를 사용하기도 한다. 분석 모델이 효과적인지 확인하기 위해 전체 데이터 집합의 일부를 가지고 분석 모델이 올바르게 작동하는지 시험한다. 분석 모형이 제대로 작동할 때까지 시험하고 수정하고 다시 시험하기를 반복한다. 마침내 분석 모형을 통해 데이터가 의미 있는 정보로 재탄생한다.

데이터 분석의 마지막 단계는 분석 결과를 데이터 사용자에게 전달하는 일이다. 이때 데이터 시각화 기술이 사용되기도 한다. 데이터 분석팀은 도표, 그래프, 인포그래픽 등으로 분석 결과를 이해하기 쉽게 제시한다. 추가로 새로운 데이터를 얻으면 예측 모델을 다시 돌리고 결과에 반영한다.

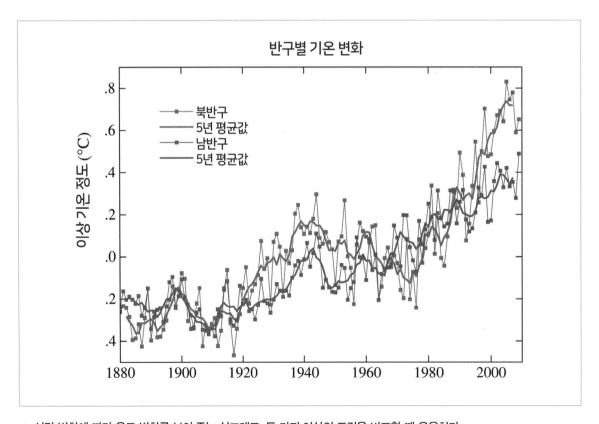

▲ 시간 변화에 따라 온도 변화를 보여 주는 선그래프. 두 가지 이상의 조건을 비교할 때 유용하다.

⚙ 데이터 마이닝

데이터 수집, 구성 및 분석에는 여러 도구와 기술을 사용한다. 주로 사용되는 도구 중 하나로 **데이터 마이닝**을 꼽을 수 있다. 데이터 마이닝은 수학적 알고리즘을 이용해 규모가 큰 데이터를 하위 데이터 그룹으로 나누고 경향을 파악해 미래를 예측하는 것이다.

데이터 마이닝은 기업의 고객에도 종종 이용된다. 데이터 마이닝 모형은 데이터 분석으로 소비자를 유형별로 나눈 뒤 이를 마케팅에 반영하게끔 한다. 또한 생산 공장의 가동 · 중단 시간에 대한 데이터로 생산성을 높이기도 한다.

☁ **알·고·있·나·요·?**

데이터 분석의 주요 목표는 두 사건의 상관관계를 파악하는 일이다.

❝ 데이터 마이닝은 자료 저장소에 저장되어 있는 방대한 양의 데이터 속에서 특정 관계 및 패턴을 추출하여 가치 있는 정보를 찾아 모형화한다. ❞

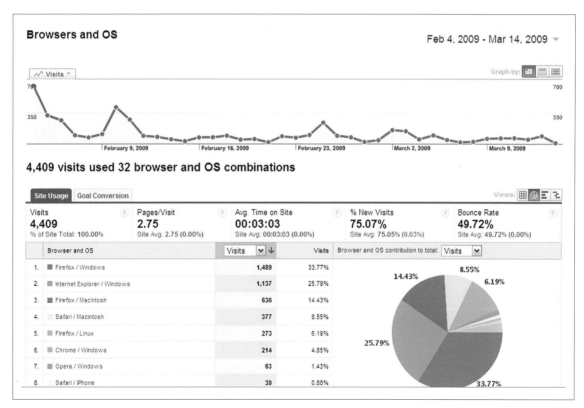

▲ 웹 분석을 통해 위와 같은 정보를 얻을 수 있다.

텍스트 마이닝

시간이 지날수록 텍스트 데이터양이 늘어가고 있다. 소셜 미디어의 게시물, 웹사이트 게시물 등 여러 형태다. 텍스트 마이닝 기술의 발달과 함께 온라인 텍스트 데이터뿐만 아니라 오프라인 데이터도 분석할 수 있게 되었다. 텍스트 마이닝은 다른 기술과 더불어 **머신 러닝** 기술을 활용하는데 이메일, 블로그, 소셜 미디어, 웹사이트, 설문 조사 등의 자료를 탐색하고 분석한다. 예를 들어, 특정 상품에 대한 불만이 온라인에 게시되면 텍스트 마이닝 기술이 관련 데이터의 증가를 즉각적으로 파악하고 기업이 문제를 알아차리게 만든다. 기업은 문제 해결 뒤 고객들에게 메시지를 보내 손상된 관계를 회복한다.

데이터 마이닝 모형은 채용에도 이용된다. 일부 기업의 경우 소셜 미디어에서 채용 지원자에 대한 데이터를 수집하고 그 데이터를 바탕으로 지원자가 얼마나 잘 적응할지 예측하는 모형을 만든다. 모든 상황마다 장단점이 있지만 이 사실을 알면 소셜 미디어에 게시물을 올릴 때 한번 더 생각하게 되지 않을까? 평소 온라인 사이트에 올라온 사진과 글이 어떻게 활용되는지 궁금해지는 지점이다.

알·고·있·나·요?

매사추세츠 공과대학교 연구 결과에 따르면, 오늘날 인터넷 공간에서 1초 동안 오고 가는 데이터양이 최근 20년 동안 축적한 데이터양보다 훨씬 많다.

웹 분석

기업은 온라인 공간에서 이뤄지는 행동을 살펴보며 소비자 정보를 얻는다. 이때 기업이 던지는 질문은 다음과 같다. 사람들이 어떤 웹사이트에 방문하는가? 어디에서 어디로 이동하는가? 각 웹사이트에 머무르는 시간은 어느 정도인가? 어떤 웹사이트 내에 어떤 페이지에 방문하는가? 어떤 제품이나 정보를 클릭하는가? 실제로 구매하는가? 사람들끼리 어떻게 의사소통하는가? 이 같은 질문을 통해 온라인 사용자 데이터를 얻는 기업은 마케팅 방향을 모색하기도 한다.

인터넷 사용자 행동을 추적하고 수집해서 분석하는 것이 바로 **웹 분석**이다. 기업은 이러한 정보로 잠재 고객에게 더욱 긍정적인 온라인 경험을 제공하고 이를 실질적인 상품이나 서비스 구매로 이어지게끔 노력한다. 이 모든 일이 결국 기업의 이익으로 돌아온다. 게다가 웹 분석은 개별 소비자나 지역 기반의 동일한 소비자 집단의 구매를 추적하기도 한다. 이로써 기업은 미래에 어떤 고객이 어떤 상품을 구매할 것인지 예측하고 이

> **❝ 웹 분석은 웹사이트에 반복적으로 방문하는 소비자에게
> 맞춤 정보를 제공함으로써 실질적인 구매를 유도한다. ❞**

러한 정보 바탕으로 고객 중심 마케팅 활동을 펼친다. 동시에 웹사이트의 효율성도 늘릴 수 있다. 이는 모두 비용 절감과 판매 증진으로 이어진다.

이 모든 데이터는 미래에 어떤 의미가 있을까? 우리가 만들고 보관하는 데이터양에 한계는 없을까? 데이터의 미래를 알고 싶다면 다음 장을 읽어 보자!

생각을 키우자!

기업은 지금처럼 계속 소비자 데이터를 수집할 수 있을까?

명절에 무엇을 할까? 그래프로 나타내기

시각적으로 데이터를 나타내기 위해 도표와 그래프를 사용한다. 탐구 활동에서 원그래프와 막대그래프로 데이터를 표현해 보자!

1 〉 **반 친구들은 명절에 어떤 일을 할까?** 명절 당일 저녁은 어디에서 먹을까? 집, 친척 집, 친구 집, 식당, 또는 기타. 이 다섯 가지 항목 중의 하나를 고르게끔 하라. 친구들의 응답을 수집하고 기록하자.

2 〉 **수집한 데이터를 계산하자.** 다섯 가지 응답 각각의 백분율을 알아내기 위해 아래의 공식에 수치를 넣고 계산하라.

(장소에 대한 답변 개수 ÷ 전체 응답자 수) ×100 = 전체 비율

예를 들어, 전체 응답자가 25명인데 이 중 10명이 집에서 저녁을 먹는다고 대답했다고 가정하자. 이 같은 경우 '집에서 식사'의 백분율은 공식에 따라 아래와 같다.

(10 ÷ 25) × 100 = 40%

3 〉 **각 장소에 대한 백분율의 합은 100%가 되어야 한다.** 만약 백분율의 합이 100%가 아니라면 계산을 다시 해서 100%가 나오게 하라.

4 〉 **백분율 자료를 바탕으로 원그래프를 작성하라.** 수치에 맞게 원 넓이를 나누고 정보를 표기하라. 원그래프를 통해 무엇을 알 수 있는가?

5 〉 **같은 백분율 자료로 이번에는 막대그래프를 그려 보자.** 원그래프와 막대그래프를 비교해 보라. 무엇이 같고, 또 다른가? 어떤 자료가 정보를 알아보기 더 쉬운가? 이유를 설명해 보자!

이것도 해 보자!

만약 조사하는 사람의 숫자가 늘어나면 원그래프와 막대그래프가 어떤 변화를 보일까? 데이터 증가와 정보의 정확도 사이에는 어떤 상관관계가 있는지 설명해 보자.

어떤 그래프를 사용할까?

데이터 시각화 방법은 여러 가지다. 가장 흔히 사용하는 그래프는 아래와 같다.

- **막대그래프(bar graph)**: 데이터를 비교할 때 흔히 사용하는 방법으로 알아보기 쉽다.

- **원그래프(pie chart)**: 데이터 전체의 하위 집합을 분석할 때 주로 사용한다.

- **이중선그래프(double-line graph)**: 데이터 두 집합을 서로 비교할 때 사용하기 좋은 방법이다.

- **히스토그램(histogram)**: 나이별 비교와 같이 데이터를 특정 범위로 나누어 비교할 때 사용한다.

- **그림그래프(pictograph)**: 조사한 수치 데이터를 그림으로 재미있고 알아보기 쉽게 표현한다.

- **줄기잎도표(stem and leaf plot)**: 자릿값에 따라 앞자리는 줄기, 뒷자리는 잎으로 표현한다.

줄기	잎
2	5, 8, 9
3	4

데이터 수집과 분석

우리는 왜 데이터를 모을까? 정보를 얻기 위해서? 그렇다면 데이터는 어떤 정보를 줄까? 정보는 우리에게 어떤 도움을 줄까?

1〉평소에 궁금하던 질문으로 주제를 정한 다음 브레인스토밍 해 보자. 아래 질문 중 하나를 고르거나 자신만의 질문을 생각해 보라.

① 가장 흔하게 볼 수 있는 야생동물은 무엇일까?

② 반려동물로 개나 고양이를 기르는 사람이 늘고 있는가?

③ 우리 반 친구들의 평균 가족원은 몇 명일까?

④ 우리 반 친구들의 평균 키는? 다른 반의 평균값과 비교해 보자.

⑤ 우리 동네의 평균 기온은? 다른 지역의 평균 기온과 비교해 보자.

2〉데이터를 어떻게 수집할까? 일부 디지털 데이터의 경우 자동으로 수집된다. 아래 방법으로도 데이터를 수집할 수 있다.

① 관찰: 사람이나 사물을 지켜보며 데이터를 모은다.

② 인터뷰: 대화하며 질문을 던지고 그 대답을 데이터로 수집한다.

③ 설문 조사: 종이에 질문을 적어 표적 집단이 응답하게 한다.

④ 측정: 물체의 양과 크기를 재서 값을 얻는다.

⑤ 기록: 수치나 말을 모아 남긴다.

3〉선택한 질문에 답하려면 어떤 데이터가 필요할까? 어떻게 수집해야 할까? 계획을 세우고, 데이터를 모으자.

4〉수집한 데이터를 어떻게 할까? 데이터를 정리해서 분석하라. 그래프, 도표 형태로 정리할 수 있다. 계산이 필요할 수도 있다. 정리된 데이터에서 어떤 흐름이나 상관관계를 찾을 수 있을까? 이로써 알 수 있는 것은 무엇일까? 데이터 분석으로 얻은 정보는 무엇이고 예상했던 정보인가? 전혀 예상치 못했던 정보인가?

5〉이제 질문에 답해 보자. 데이터는 질문에 답하고 해결하는 데 도움이 됐는가? 얼마나 도움이 됐는가?

데이터 분석 도구

대표적인 데이터 분석 도구 세 가지를 알아보자!

하둡(Hadoop): 조직이 방대한 데이터를 수집, 저장, 조직, 분석하게끔 돕는 소프트웨어 도구.

노에스큐엘(NoSQL): 다양한 데이터 모형에 사용할 수 있는 데이터베이스 도구. NoSQL은 'Not Only SQL'을 줄인 말이며 테이블에 데이터 형식을 맞추던 기존 데이터베이스의 대안이다. NoSQL 데이터베이스는 여러 대의 컴퓨터에 걸쳐 있는 대용량 데이터 세트로 작업할 때 유용하다.

구글 애널리틱스(Google Analytics): 데이터 수집, 통합, 보고 및 분석을 위한 도구 그룹.

이것도 해 보자!

데이터를 시각 자료로 만들어 반 친구들에게 발표하라. 어떤 시각 자료를 이용할 것인가? 그 시각 형태를 이용한 이유를 설명해 보자.

그래프로 데이터 나타내기

데이터를 그림으로 표현하면 이해하기 쉬워진다. 가장 쉽게 사용할 수 있는 방법은 그래프다. 그래프의 종류를 알아보고 직접 그려 보자.

1〉친구들에게 질문해 보자. "집에 만화책이 몇 권 있어?" 처럼 숫자로 답할 수 있는 질문을 해 보자. 친구들의 대답을 기록하고, 여러 종류의 그래프로 표현해 보자.

2〉가로축 위에 ×를 그려 데이터를 표시하자. 가로축에 숫자를 쓰고 세로축에 친구들이 대답한 횟수만큼 ×를 쌓아 올려 **선 표본점**을 그려 보자. 가로축의 시작점은 친구의 대답 가운데 가장 작은값으로, 끝점은 가장 큰값으로 정한다. 이제 가로축의 숫자 위에 그 숫자를 대답한 수만큼 × 표시한다. 이 그래프로 **범위, 최빈값, 중앙값**을 알아볼 수 있는가?

3〉선 표본점은 데이터의 범위가 넓지 않을 때 유용한 그래프이다. 데이터 집합의 범위가 넓을 경우, 줄기잎도표가 좀 더 편리하다.

줄기	잎
2	5, 8, 9
3	4

4〉이번에는 가장 좋아하는 축구팀의 경기 성적 데이터로 줄기잎도표를 그려 보자.

5〉데이터를 상자 수염 그림으로 나타내 보자. 상자 수염 그림은 수직선 위에서 데이터가 어떻게 분포하는지 한눈에 보여 준다. 상자 수염 그림을 만들려면 먼저 데이터를 가장 작은값부터 가장 큰값까지 순서대로 나열한다. 예를 들어, 다음과 같이 나열해 보자.

1, 3, 4, 7, 9, 10, 12, 14, 15, 27, 38

6〉이제 중앙값을 찾아보자. 다음 예시에서는 중앙값이 10이다. 중앙값은 제2사분위수라고도 부른다.

1, 3, 4, 7, 9, 10, 12, 14, 15, 27, 38

7〉이제 제1사분위수와 제3사분위수를 찾아보자. 전체 집합의 중앙값의 왼쪽 중앙값과 오른쪽 중앙값을 찾으면 된다.

1, 3, 4, 7, 9, 10, 12, 14, 15, 27, 38

8〉 **표본선을 그려 보자.** 표본선 위에 제1사분위수, 제2사분위수, 제3사분위수를 표시하자.

9〉 **세 사분위수를 지나는 가로 선을 그어 상자를 만들자.**

10〉 **데이터 집합에서 이상점(가장 작은값과 가장 큰값)을 표본선 위에 점을 찍어 나타내자.** 이상점끼리 연결해 보자. 이제 상자의 수염이 만들어졌다. 상자 수염 그림을 이용하면 데이터 집합의 분포를 한눈에 볼 수 있다.

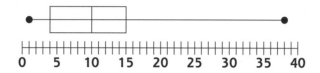

이것도 해 보자!

이전에 모아둔 데이터로 상자 수염 그림을 그려 보자. 이 그래프로 데이터 집합의 범위, 최빈값, 중앙값을 구할 수 있을까?

인포그래픽으로 나타내기

인포그래픽은 빅데이터와 같이 방대한 데이터를 표현할 때 효과적이다. 많은 양의 데이터, 정보, 지식을 한눈에 명확하게 파악할 수 있기 때문이다. 다양한 주제를 인포그래픽으로 표현할 수 있는데, 몇 가지 예를 함께 살펴보자.

● 비틀즈 분석

🔍 듀얼링
데이터 비틀즈

● 미국에서 가장 유명한 생일

🔍 생일 데이터
시각화 자료

● 화산 폭발

🔍 화산
인포그래픽

● 로고 디자인에 이용되는 색채 심리학

🔍 로고 디자인의
색채

☁️↑ 알·고·있·나·요·?

인포그래픽은 특성에 따라 다음과 같이 나눌 수 있다.

- 통계형 인포그래픽(statistical infographis): 데이터를 집중적으로 설명한다.
- 정보형 인포그래픽(informative infographis): 문제 중심의 정보를 알려준다.
- 타임라인형 인포그래픽(timeline infographis): 시간에 따른 데이터 변화를 보여 준다.
- 과정형 인포그래픽(process infographis): 단계별로 일이 되어가는 정도를 알린다.
- 지도형 인포그래픽(geographic infographis): 지리적 데이터를 나타낸다.
- 비교형 인포그래픽(comparison infographis): 두 집단을 비교한다.
- 계층형 인포그래픽(hierarchical infographis): 피라미드처럼 층을 쌓아 정보를 나타낸다.
- 도표형 인포그래픽(chart-centric infographis): 단순한 도표나 그래프로 이용해 데이터를 표시한다.

인포그래픽은 유용한 정보를 알려 주는 동시에 창의적이다. 깔끔한 선과 다양한 색으로 데이터를 이해하기 쉽게 표현한다.

1〉이제 인포그래픽을 만들어 보자! 반 친구들의 생일, 지난 한 달 평균 강수량, 쿠키 만드는 법 등, 마음에 드는 다른 주제로 데이터를 모아라.

2〉수집한 데이터에 알맞은 인포그래픽 형태를 선택하고 그려 보자. 직접 그려도 되고, 컴퓨터 프로그램을 활용해도 된다.

3〉완성한 인포그래픽을 친구들에게 발표해 보자. 어떤 점이 가장 눈에 띄는지, 내용은 알아보기 쉬운지 친구들에게 물어보라.

알·고·있·나·요·?

매사추세츠 공과대학교 연구 결과에 따르면, 인간의 뇌는 이미지 전체를 13밀리초(1,000분의 1초) 만에 파악한다.

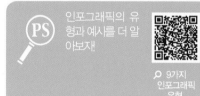

PS 인포그래픽의 유형과 예시를 더 알아보자!

🔍 9가지 인포그래픽 유형

이것도 해 보자!

같은 데이터를 다른 인포그래픽 형식으로 만들어 발표해 보자. 어떤 형식을 선택했는가? 그 이유는 무엇인가? 그 형식은 데이터를 효율적으로 표현하는가? 그렇다면, 혹은 그렇지 않다면 이유는 무엇인가? 인포그래픽의 형식에 따라 사람들이 이해하는 내용이 달라지는가?

어떤 색 사탕이 제일 많을까?

색색이 사탕이 들어 있는 스키틀즈 한 봉지에는 몇 가지 색의 사탕이 들어 있을까? 어떤 색이 가장 많고 가장 적을까? 스키틀스 사탕 색깔 데이터를 수집하고 분석해 보자!

1 〉 **스키틀즈 사탕을 여러 봉지 사자.** 한 봉지를 뜯어 사탕을 색깔별로 나누고 사탕의 수를 표로 기록하라. 다른 봉지를 뜯어 똑같이 반복해 보자.

2 〉 **데이터 정리 후 다음 질문에 답해 보자.** 가장 많은 색깔은? 또 가장 적은 색깔은?

3 〉 **결과를 도표나 그래프로 만들어라.** 막대그래프나 원그래프로 그려 보자. 어떤 그래프가 더 나타내기 좋은가?

4 〉 **이제 질문에 답해 보자.** 한 봉지에 사탕이 몇 개가 들었는가? 한 봉지당 사탕 개수를 평균 내보자. 봉지마다 들어 있는 사탕의 수는 평균과 비교해 어느 정도 차이가 나는가? 이 정보를 보여 주는 그래프를 그려 보자.

힌트! 평균값을 구하기 위해 다음의 공식을 사용하라

사탕 숫자의 합 ÷ 봉지 숫자의 합 = 평균값

---

5 〉 **데이터를 정리하여 다음 질문에 답해 보자.** 색깔별 사탕의 수가 봉지마다 다른가? 색깔마다 한 봉지에 들어 있는 평균 사탕의 개수는 얼마인가? 색깔마다 한 봉지에 들어 있는 실제 사탕 개수와 평균 사탕 개수 차이는 얼마인가? 이 정보를 어떻게 시각화할 수 있을까?

이것도 해 보자!

정확도를 높이기 위해 어떤 종류의 데이터를 추가하면 좋을까? 그 이유를 설명해 보라.

데이터 분석 알아보기

데이터 분석은 검토, 정리, 모형화로 원시 데이터를 의미 있는 정보로 바꾸는 과정이다. 데이터 분석으로 얻은 결과는 의사 결정에 여러 도움을 준다. 데이터를 수집, 구성, 모형화함으로써 직접 데이터를 분석해 보자.

1> **아이스크림 가게를 운영한다고 가정하자.** 소비자들이 가장 선호하는 아이스크림을 파악해 다음 아이스크림 주문에 반영하려 한다. 데이터 분석으로 필요한 정보를 얻을 수 있을까?

2> **설문 조사로 소비자 데이터를 모아 보자.** 25명으로부터 이름과 좋아하는 아이스크림 맛을 조사하고 기록하자.

3> **데이터를 사용하기 좋게 구성하자.** 시각 자료의 형태를 선택하고 이에 알맞게 데이터를 구성한다.

4> **구성한 데이터를 도표나 그래프를 통해 시각적으로 나타내자.** 그래프에 제목과 데이터에 대한 설명을 적는다.

5> **그래프를 보며 다음 질문에 답해 보자.**

① 소비자들이 선호하는 아이스크림 맛의 순서는?

② 소비자들이 가장 좋아하는 아이스크림 맛은?

③ 가게 매출에 가장 도움이 되는 아이스크림 맛 두 가지는 무엇일까?

이것도 해 보자!

설문 조사는 데이터를 모으는 여러 방법 중 하나다. 소비자들이 가장 선호하는 아이스크림 맛을 조사하기 위한 다른 데이터 수집 방식은 무엇일까?

108쪽   **사물 인터넷 (IoT, Internet of Things):** 센서가 삽입된 사물들을 인터넷으로 연결하여 데이터를 수집, 저장 및 처리하는 기술.

108쪽   **스마트 기기(smart device):** 사물 인터넷으로 연결, 제어되는 모든 전자 기기를 통칭하는 단어.

109쪽   **네스트(Nest):** 구글 소속의 스마트 홈 기기 전문업체. 2011년 스마트 온도계 첫 판매 이후 연기 탐지기, 보안 제품 등 1,100만 개 이상 선보였다.

109쪽   **아서 새뮤얼(Arthur Samuel):** 1959년 처음으로 머신 러닝이란 단어를 쓰고, 머신 러닝의 개념을 정의한 미국의 컴퓨터 과학자.

111쪽   **우버(Uber):** 승객과 운전기사를 스마트폰 버튼 하나로 연결하는 기술 플랫폼. 택시를 소유하지 않는 택시 서비스다.

111쪽   **카풀(carpool):** 목적지나 방향이 같은 사람들이 한 대의 승용차에 같이 타고 다니는 것을 뜻하는 단어.

111쪽   **스팸 필터(spam filter):** 중요하지 않은 메일을 찾아내 수신 차단하는 프로그램.

111쪽   **이모티콘(emoji):** 아이디어나 감정을 표현하기 위해 사용되는 작은 디지털 이미지 또는 아이콘.

111쪽   **해시태그(hashtag):** 특정 핵심어 앞에 '#' 기호를 붙여 작성된 단어나 구.

112쪽   **혈압(blood pressure):** 혈관 내에 생기는 압력.

112쪽   **만성(chronic):** 버릇이 되다시피 하여 쉽게 고쳐지지 아니하는 상태나 성질.

112쪽   **리서치킷(ResearchKit):** 미국 기업 애플에서 의학 연구자들을 위해 운영하는 질병 연구 플랫폼.

112쪽   **생물 의학(Biomedical Science):** 생물학, 생화학 등 자연과학의 원리를 기본으로 삼아 연구하는 임상 의학.

112쪽   **예측 기반 치안 활동(predictive policing):** 데이터를 사용해 특정 범죄가 언제, 어디서 발생할지 예측하는 활동.

113쪽   **RFID(radio frequency identification):** 전파 신호로 사물에 부착된 태그를 식별함으로써 사물의 정보를 처리하는 기술.

115쪽   **신생아(newborn):** 생후 28일 미만의 아기.

115쪽   **편향(deflection):** 사물을 바라보거나 생각하는 방식이 그릇되게 한쪽으로 치우침.

빅데이터의 미래

데이터를 더 많이 모으면 우리는 알고…

우와

그래, 알고, 알고 또 알게 되지.

빅데이터는 절대 멈추지 않을 거야. 우리가 사는 세상을 완전히 바꿔놓을 거야.

이미 바뀐 것 같아!

최근까지도 빅데이터가 바꿀 우리 삶의 모습을 구체적으로 그려 낼 수 있는 사람은 거의 없었다. 하지만 빅데이터는 계속해서 데이터 생성 및 사용 방식이 바뀌 나갈 것이다. 미래에는 어떤 데이터 생성 기술이 만들어질까? 또 데이터 사용 방법은 어떻게 달라질까? 데이터가 우리 일상에 깊숙이 들어올수록 우리 삶의 모습은 지금과는 완전히 달라질 것이다.

데이터 없는 미래를 상상하는 사람은 없을 것이다. 현재 만들어지는 데이터양도 어마어마하지만, 몇 년 뒤에는 상상조차 할 수 없을 정도로 많은 양의 데이터가 만들어질 것이다! 스마트폰, 태블릿, 스마트워치 등 휴대 기기가 늘어나면서 데이터양도 함께 늘어나고 있기 때문이다. 단지 데이터를 만들어 내기만 하는 것이 아니다. 기술이 발전하면서 우리가 사용하는 기기들은 데이터를 수집하고, 공유하고, 끝없이 사용한다!

생각을 키우자!

빅데이터가 주는 이득과 손해 중에서 어느 것이 더 큰 영향을 미칠까?

⚙ 사물 인터넷

사물 인터넷이란 단어를 들어본 적 있는가? 전문가들은 가까운 미래 사물 인터넷이 엄청난 양의 데이터를 만들어 내리라 예측한다. 그렇다면 사물 인터넷은 정확히 무엇을 가리키는 것일까? 작은 센서가 내장된 **스마트 기기**들 모두 사물 인터넷으로 작동한다. 잠금장치, 온도 조절기, 조명 등등…. 이 기기들의 특징은 인터넷으로 기기들끼리 서로 연결된 상태로 내장된 데이터를 모으고, 저장하고, 소프트웨어로 장치를 제어하며 수집된 데이터를 처리한다는 점이다.

❝ 사물 인터넷 기기들은 인터넷으로 데이터를 실시간으로 전송해 분석 및 처리한다. ❞

사물 인터넷 기기는 웹 서핑에 사용하는 일반 컴퓨터와 다르다. 인터넷 연결 방식이 전통적인 방법과 다르기 때문이다. 심지어 사용자 없이도 스스로 인터넷에 연결된다. 이런 이유로 스마트폰은 사물 인터넷 기기가 아니지만 스마트 조명은 사물 인터넷 기기로 분류된다.

사물 인터넷 기기는 그 종류가 다양해서 어떤 것은 어린이 장난감처럼 간단하고, 어떤 것은 센서 수천 개가 내장된 제트 엔진처럼 복잡하다. 전 세계 수십억 대의 기기가 인터넷에 연결된 채 데이터를 공유할 수 있는 것은 모두 사물 인터넷 덕분이다. 일부 전문가는 2020년에 우리가 사용하는 사물 인터넷 기기의 수가 200억 대를 넘길 것으로 전망한다.

그렇다면 사물 인터넷 기기의 좋은 점은 무엇일까? 방 온도가 높거나 낮을 때 우리는 어떻게 온도를 조절할까? 벽에 붙은 온도 조절기에는 우리가 원하는 실내 온도가 이미 설정된 상태다. 만약 방을 더 따뜻하거나 시원하게 만들고 싶다면 사람이 직접 온도 조절기의 내부 온도 설정을 바꾸어야 한다. 하지만 **네스트**의 스마트 온도 조절기는 기존의 온도 조절 방식을 완전히 바꿔 놓았다. 이 온도 조절기는 사물 인터넷으로 데이터를 생성하고 사용하는 사례를 보여 준다.

네스트 온도 조절기 시스템은 사용자의 일정과 요일별로 선호하는 온도 데이터를 수집하고, 데이터 분석 결과에 따라 냉방과 난방 일정을 계획한다. 이때 사용자는 손가락 하나 까딱하지 않아도 된다. 와이파이Wi-Fi로 인터넷에 연결되기 때문에 가족 누구나 컴퓨터나 스마트폰으로 방 온도를 원격 조종할 수 있다.

❝ 스마트 온도 조절기는 데이터 없이 작동할 수 없다. ❞

체커 게임을 배워 보자!

아서 새뮤얼(1901~1990)은 머신 러닝의 선구자 중 한 명이다. 그는 1950년대에 체커 게임 프로그램을 개발한 뒤 컴퓨터가 수천 개의 체커 게임을 스스로 플레이하게끔 했다. 컴퓨터는 어떤 패턴이 승리 또는 패배로 이어지는지에 대한 데이터를 계속해서 수집했다. 컴퓨터는 경험을 통해 학습했고 결국 개발자인 새뮤얼에게서 승리를 얻어 냈다.

기존 온도 조절기는 방 온도 측정에 하나의 센서를 사용했다. 네스트의 온도 조절기는 세 개의 온도 센서로 방 안 온도를 정확히 측정한다. 또한 습도 센서로 공기 중의 습기를 측정하고, 동작 센서와 빛 센서로 실내 활동을 감지한다. 인터넷으로 지역의 기상 데이터도 내려받는다. 이렇게 모은 데이터는 난방과 냉방 일정을 계획하는 데 사용된다.

⚙ 머신 러닝

전문가들은 빅데이터가 머신 러닝(기계 학습)을 발전시킬 것이라 예언한다. 머신 러닝은 스스로 경험하고, 학습하고, 발전하는 기계를 연구하는 컴퓨터 과학의 한 분야다. 일반적으로 컴퓨터는 구체적인 명령에 따라 작업을 수행한다. 이때 컴퓨터가 따르는 명령이 바로 컴퓨터 프로그램이다. 반면, 머신 러닝은 사람이 입력하는 구체적인 명령을 사용하지 않는다.

> **66 머신 러닝 시 컴퓨터는 과거 작업을 통해 스스로 학습한다. 99**

가령, 친구에게 공차기 방법을 가르쳐 주는 상황이라고 상상해 보자. 이때 친구에게 동작 하나하나를 구체적으로 알려 줄 수도 있다. 발을 어디까지 들고, 공과 발목의 각도를 어느 정도로 하고, 무릎을 얼마나 굽히고, 다리를 얼마나 빨리 움직여야 하는지 각 단계별로 정확히 지시하는 것이다. 하지만 머신 러닝의 접근법은 다르다. 각 단계를 자세히 알려 주기보다는 공차기 시범을 여러 번 보여 준다. 그것도 여러 사람이 여러 방식으로 공차는 모습을 보여 준다. 이때 머신 러닝의 원리는 다양한 예시를 통해 스스로 배우게끔 하는 것이다. 앞의 방법과 뒤의 방법 중 어느 것이 더 효과적일까?

> **"** 머신 러닝의 목표는 인간이 모든 단계를 설명하지 않아도 컴퓨터가 스스로 학습하도록 만드는 것이다. **"**

머신 러닝은 알고리즘으로 수집한 데이터에서 유용한 정보를 모은다. 결국 컴퓨터는 데이터에서 패턴을 찾아냄으로써 더 나은 결정을 배우는 것이다. 컴퓨터는 한 번 학습한 내용을 머신 러닝으로 재조정할 수도 있다. 추가로 데이터를 입력하면 머신 러닝 알고리즘이 데이터 증가분을 반영해 작업 수행과 예측 정확도가 향상된다.

오늘날 우리가 사용하는 다양한 종류의 앱들이 이미 머신 러닝 기술을 사용한다. **우버** 같은 **카풀** 앱은 대기 시간을 줄이고 가격을 낮추는 데 머신 러닝을 활용한다. **스팸 필터**도 머신 러닝으로 이메일을 필터링한다. 심지어 인스타그램은 머신 러닝으로 **이모티콘**의 의미를 파악한다. 이러한 정보를 바탕으로 인스타그램은 사용자에게 이모티콘과 **해시태그**를 자동으로 제안한다. 이 밖에도 머신 러닝은 검색 엔진, 음성 인식, 과학 연구처럼 다양한 분야에서 활용되고 있다.

물 낭비 탐지하기

미국 캘리포니아주 롱비치시는 물이 귀한 지역이다. 얼마나 귀한가 하면 지방정부법으로 잔디밭에 물을 줄 수 있는 날과 시간을 제한할 정도이다. 과거, 롱비치 수도국은 물 낭비를 제대로 단속하기 어려웠다. 기존에 사용하던 수도 사용량 측정기로 물의 총 사용량은 측정할 수 있었지만, 하루 사용량 또는 시간별 사용량과 같은 정보를 알 수가 없었기 때문이다. 하지만 이제 스마트 측정기로 5분마다 수돗물 사용량 데이터를 얻을 수 있다. 이 데이터로 공무원은 불법적인 수돗물 사용을 탐지하고 시민은 수도세를 아낄 수 있다. 스마트 측정기가 누수를 발견해 수도세를 88%나 절약한 사례도 있다.

⚙️ 새로운 방식으로 데이터 사용하기

이미 많은 기업이 데이터 활용에 앞다퉈 뛰어들고 있다. 데이터로 보다 효율적인 조직 운영이 가능하기 때문이다. 고객 파악과 상품 홍보의 새로운 방법을 찾을 수도 있다. 기업만 데이터를 사용하는 것은 아니다. 개인도 데이터를 활용한다. 병원에 가지 않고도 간단하게 웨어러블 스마트 기기의 데이터로 열량 소비량, 활동 수준, 수면 패턴을 알아내고 건강 상태도 파악할 수 있다. 앞으로 인류는 데이터를 더 많이 사용하게 될 것이다.

의료 분야에서 웨어러블 건강 기기는 수백만 명의 사람으로부터 다양한 건강 데이터를 수집할 수 있다. 웨어러블 건강 기기는 실시간으로 **혈압**을 검사하고 만약 이상한 징후를 발견하면 자동으로 의사에게 통보할 수 있다. 그러면 **만성** 질환으로 고통받는 노인 환자들이 병원에 가는 일이 줄어들 것이다. 또한, 개개인 건강 빅데이터를 모아 연구하면 새로운 치료법도 찾을 수 있을지 모른다.

애플의 새로운 의학 앱 **리서치킷**은 스마트폰을 **생물 의학** 연구 장치로 바꿔 놓았다. 이제 스마트폰으로 건강 데이터를 수집해 의학 연구를 할 수 있다. 스마트폰으로 사용자가 하루 동안 얼마나 많은 계단을 오르는지, 또는 치료받고 난 뒤 경과가 어떤지 살펴볼 수 있다.

> 💬 스마트폰으로 연구에 참여하도록 함으로써 연구 참여자의 수를 크게 늘리고 연구 결과의 정확도를 높일 것이라 기대할 수 있다. 💬

미국 캘리포니아주 로스앤젤레스시에서는 빅데이터가 치안을 책임진다. 로스앤젤레스 경찰서의 실시간 분석 및 대응 부서에서는 범죄 전문가와 기술 전문가가 모여 여러 화면을 모니터한다. 한쪽 화면에서는 뉴스 방송이 나오고 다른쪽 화면에서는 실시간 도시 모습이 비춰진다. 또 다른 화면에서는 지진 활동을 감시한다.

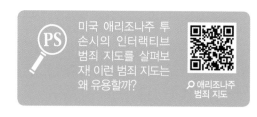

PS 미국 애리조나주 투손시의 인터랙티브 범죄 지도를 살펴보자! 이런 범죄 지도는 왜 유용할까?

🔍 애리조나주 범죄 지도

이 경찰서에서는 최근 범죄자 체포 장소가 표시된 위성 지도, 여러 출처에서 수집한 범죄 관련 데이터 등을 정리해 범죄 발생 가능성이 큰 장소 예측 알고리즘을 만들어 사용 중이다. 알고리즘이 데이터를 분석해 범죄 발생 확률이 높은 지역을 찾아내면 그 장소를 순찰 중인 경찰들에게 실시간으로 전송한다. 이 같은 경찰의 활동을 **예측 기반 치안 활동**이라고 부른다. 데이터 사용하여 범죄를 예방하는 사례 중 하나다.

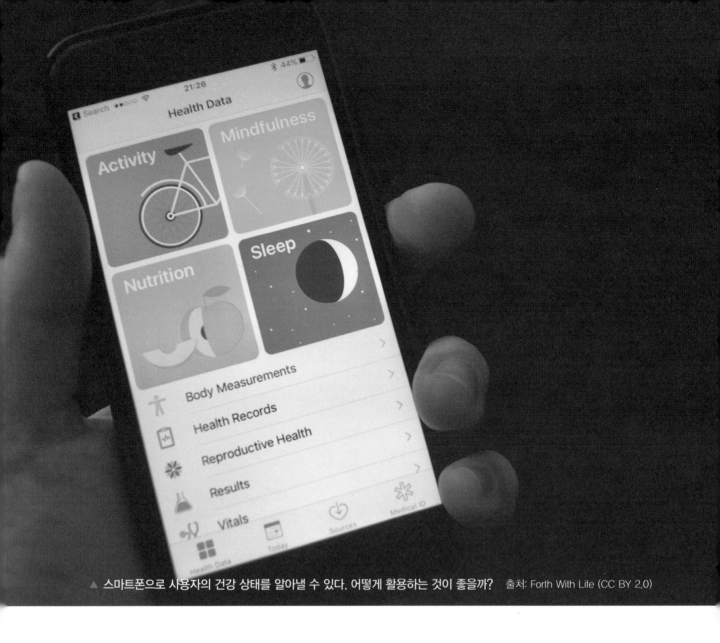

▲ 스마트폰으로 사용자의 건강 상태를 알아낼 수 있다. 어떻게 활용하는 것이 좋을까?　출처: Forth With Life (CC BY 2.0)

스키장에서의 빅데이터 활용법

스키장에서 리프트 탈 때 발급받는 티켓은 우리의 모든 움직임을 추적한다. RFID 태그가 삽입된 리프트 티켓은 데이터 수집으로 리프트 대기 시간, 이용 패턴, 리프트가 가장 붐비는 시간 등을 알아낸다. 만약 산속에서 조난당하면 리프트 티켓으로 조난 위치를 추적할 수도 있다. 사람들이 가장 많은 장소를 찾아내 그 장소에 신선한 인공 눈을 뿌리거나 줄이 짧은 리프트를 알려 주는 문자 메시지를 전송하기도 한다.

 최근 몇 년 동안 인터넷, 스마트폰, 소셜 미디어 등에서는 끊임없이 데이터를 쏟아 냈다. 앞으로도 데이터는 놀라운 속도로 늘어날 것이다. 데이터는 과학, 기술, 의료, 금융 등 다양한 분야에서 발전을 이끌 것이라는 기대와 동시에 데이터가 잘못 사용될지도 모른다는 우려도 받고 있다. 가장 큰 걱정은 역시 사생활 침해 문제다. 웨어러블 건강 기기, 가정용 스마트 기기, 스마트 자동차 등은 모두 개인으로부터 데이터를 수집하기 때문이다.

▲ **인터넷에 개인적인 것이란 없다.**   출처: DonkeyHotey (CC BY 2.0)

 만약 스마트 건강 기기 제조업체가 사용자 데이터를 보험 회사에 팔아넘긴다면 어떤 일이 일어날까? 개개인의 건강 정보를 받은 보험 회사는 돈을 벌기 위해 올바르지 않은 방법으로 얻은 정보도 이용할지 모른다. 비슷하게 자동차 제조업체도 스마트 자동차에서 수집한 데이터를 보험 회사에 팔 수 있다. 만약 보험 회사가 사용자의 운전 데이터를 바탕으로 사고 가능성이 크다고 판단하여 높은 보험 비용을 요구하거나 심지어 보험 심사에서 탈락시킨다고 상상해 보라. 이는 개인의 권리를 빼앗는 사생활 침해일까? 빅데이터 시대에서는 방대한 양의 데이터를 모으기에 앞서 윤리적 측면에서 개인의 사생활을 침해하는 행동인지 아닌지를 잘 판단해야 한다.

빅데이터로 아픈 아기들 살펴보기

빅데이터로 일찍 태어난 아기와 아픈 아기들을 도운 사례가 있다. 캐나다 토론토에 있는 한 아동 병원에서 **신생아** 중환자실 아기들의 감염 문제로 고민하고 있었다. 캐나다 온타리오대학교의 연구원들은 수백만 명의 아기들의 심장 박동과 호흡 패턴을 기록하고 분석해 증상이 나타나기 24시간 전에 감염 사실을 알려 주는 알고리즘을 개발했다. 이 알고리즘의 도움으로 의사들은 감염을 미리 알아냄으로써 일찍 치료를 시작해 아기들의 생존 가능성을 높일 수 있었다.

❝ 앞으로 우리 사회는 윤리적인 데이터 수집과 사용에 대해 고민해야 한다. ❞

심지어 개인의 데이터가 악용 중인데 그 사실조차 모를 수도 있다. 인터넷에 연결된 스마트 장난감은 해커에 의해 조작될 수 있다. 보안 전문가들은 해커들이 스마트 장난감을 통해 이름, 주소, 생일 등의 여러 개인 정보를 빼낼 수 있다고 경고한다. 무단으로 아이들의 사진을 찍거나 개인적인 대화를 엿듣고 녹음할 수도 있다.

개인의 이득에 빅데이터를 활용하는 것도 고민해 볼 문제다. 특정한 데이터가 의사 결정에 사용된다는 사실이 널리 알려지면, 데이터 조작으로 개인의 이득을 취하려는 사람이 나타날지도 모른다. 만약 교장이 개인의 명예를 드높이려는 목적으로, 학교 평가를 높이 받기 위해 아무도 동의하지 않는 결정, 예컨대 교실을 꾸미고 장학금으로 사용되어야 할 예산으로 최첨단 체육관을 짓기로 했다면 이는 과연 좋은 결정일까?

또 데이터가 정확하지 않거나 **편향**되면 어떤 일이 벌어질까? 잘못된 결정을 내리고 이를 바로잡을 수 없을지도 모른다. 실제로 2016년에 치러진 제45대 미국 대통령 선거를 두고 한 여론 조사 기관은 힐러리 클린턴 후보와 도널드 트럼프 후보 중에 힐러리 클린턴 후보가 승리할 것이라고 예측했다.

❝ 데이터 수집 과정에서 원시 데이터가 정확하지 않거나 어느 한쪽으로 편향된 자료를 모은다면 이는 걷잡을 수 없는 또 다른 문제를 불러일으킬 수 있다. ❞

하지만 결과는 도널드 트럼프의 승리였다. 그렇다면 여론조사 기관의 예측은 왜 틀렸을까? 당시 뉴스에는 여론조사 기관들이 유선 전화로만 조사하느라 유선 전화 사용자를 찾느라 애먹고 있다는 뉴스를 보도한 바

있다. 미국인은 대부분 스마트폰을 사용하는데 말이다. 어쩌면 유선
전화만으로 데이터를 수집한 탓에 정확하지 않은 데이터가 만들어졌
을지도 모른다.

빅데이터는 앞으로 우리가 살고, 일하고, 생각하는 방식을 완전히
바꿔 버릴 수도 있다. 잘 활용하면 여러모로 긍정적인 변화를 가져오
겠지만, 그렇다고 긴장을 풀어서는 안 된다. 우리는 데이터가 주도하
는 앞으로 세상에서 피할 수 없는 여러 문제를 이해하고 슬기롭게 대처해야만 한다.

 알·고·있·나·요·?

2017년 코카콜라는 사용자가
직접 여러 탄산음료를 섞어 만
드는 '코카콜라 프리스타일' 자
판기 데이터 분석을 통해 새로
운 탄산음료인 스프라이트 체
리를 출시했다.

 **생각을 키우자!**

앞으로 빅데이터로 인해 새롭게 생겨나는 직업과 없어지는 직업은 무엇일까?

사물 인터넷으로 미래가 어떻게 바뀔까?

사물 인터넷은 냉장고, 난방기, 자동차 등 일상생활에서 사용하는 모든 기기를 인터넷에 연결한다. 사물 인터넷 기기들이 제대로 작동하기 위해서 매일 쉬지 않고 데이터를 수집해야 한다. 사물 인터넷은 우리의 삶을 훨씬 편리하게 만들어 줄 테지만 모든 기기가 서로 연결됨으로써 생겨나는 단점도 존재한다. 누군가가 장난으로 냉장고를 해킹하고 꺼버리면 어떤 일이 벌어질까? 냉동실 아이스크림이 몽땅 녹아 버릴 것이다! 이 밖에 사물 인터넷이 일으킬 역효과는 무엇이 있을까?

1〉**사물 인터넷의 긍정적인 효과에 대해 생각해 보자.** 서로 연결된 기기들로부터 발생하는 데이터가 우리의 삶과 사회를 어떻게 개선할까?

2〉**사물 인터넷의 부정적인 효과에 대해 생각해 보자.** 연결된 기기와 데이터가 어떤 위험을 초래할까?

3〉**사물 인터넷이 우리의 미래에 긍정적인 영향을 미칠까? 부정적인 영향을 미칠까?** 질문에 답하고 그에 대한 근거 세 가지를 말해보자.

4〉**사물 인터넷에 대해 짧은 글을 써 보자.** 서론 1문단, 주장에 대한 논거를 담은 본론 3문단, 그리고 결론 1문단으로 이뤄진 글을 써 보자. 글을 다 쓰고 난 뒤 친구들과 함께 읽어 보자.

이것도 해 보자!

설득하는 글을 쓰고, 상대방을 직접 설득해 보자.

기계 vs. 인간

데이터는 더 나은 판단을 하도록 돕는다. 그렇다면 앞으로 판단을 내릴 때마다 기계나 데이터의 도움을 받아야만 하는 것일까? 아니면 인간이 오롯이 결정해야 할 문제가 여전히 남아 있을까?

1〉 인공지능 관련 책을 읽어 보자. 관련 주제를 찾아 읽어 보고 아래 질문에 대해 생각해 보자.

① 기계의 판단이 더 유리한 문제는 무엇일까? 그 이유는? 기계가 내리는 판단의 단점은 무엇일까?

② 인간의 판단이 더 유리한 문제는 무엇일까? 그 이유는? 인간이 내리는 판단의 단점은 무엇일까?

③ 직관, 경험, 감정, 도덕은 판단 내릴 때 어떤 역할을 해야 할까?

2〉 다음 질문에 대해 토의해 보자. 기계가 인간보다 더 좋은 판단을 내릴까?

3〉 주장에 대한 근거를 적어 보자. 상대방 주장의 근거를 생각해 보고, 반박 자료를 준비해 보자.

> **알·고·있·나·요·?**
>
> 2016년, 컨설팅 기업 PwC가 기업의 의사결정권자 2,100명을 대상으로 실시한 설문 조사에 따르면 의사결정권자 41%가 자신의 경험, 직관, 판단력보다 컴퓨터와 알고리즘에 더 의존한다고 답했다.

이것도 해 보자!

파워포인트 자료를 만들고 발표함으로써 상대방을 설득해 보자.

미래의 데이터 활용

기술의 발전으로 인해 지난 수년 동안 우리는 역사상 그 어느 때보다 더 많은 데이터를 수집, 분석, 사용했다. 기술이 계속 발전한다면 미래의 우리는 데이터를 수집, 분석, 사용할 새로운 방법을 다방면으로 얻게 될 것이다.

1〉 **미래에 사용 가능할지도 모를 데이터 수집 방법으로는 무엇이 있을까?** 의료, 금융, 제조, 유통, 보험, 미디어, 엔터테인먼트, 스포츠, 교육, 행정 등 한 분야를 골라 그 분야에서 사용할 데이터 수집 방법에 대해 생각해 보자.

2〉 **미래 기업이 수집할 데이터 종류로는 어떤 것이 있을까?** 미래 기업은 어디서 어떻게 데이터를 수집할까? 기술은 데이터 수집과 분석에 어떤 역할을 할까? 기업은 어떤 새로운 방법으로 데이터를 사용할까? 데이터 수집과 활용에서 일어날 변화를 적어도 세 가지 이상 말해보자.

3〉 **미래 기업이 데이터를 어떻게 사용할지에 상상해 보고 짧은 글을 써 보자.** 서론 1문단, 주장에 대한 논거를 담은 본론 3문단, 그리고 결론 1문단으로 이루어진 글을 써 보자. 글을 다 쓰고 난 뒤 친구들과 함께 읽어 보자.

이것도 해 보자!

다른 분야의 기업을 골라 다시 탐구 활동을 해 보자. 두 기업의 활동은 어떻게 다를까? 그러한 차이점은 왜 만들어졌을까?

central processing unit
ethical
quantitative data
hacker
random access memory
database management system
structured data
tally decimal
outlier
concentric algorithm
byte
keyword
platter
pandemic artificial intelligence
stereotype pictograph
spam filter volume
statistics
capacitor
fraud
tracks
morality
ethical

data point
infographic
data mining
pixel targeted read-write head
correlation

hashtag
engineer
prototype
scribe

relational database
data analytics
byte
memory card
microprocessor
binary
biomedicine
innovative
machine learning
weban alytics
flash drive

technology
big data
raw data
innovative
evolve
urban
virus optical storage

자료 출처

책

루시 비버, 《컴퓨터의 발명》(캡스톤, 2018).
Lucy Beevor, *The Invention of the Computer* (World–Changing Inventions). Capstone, 2018.
M.M. 에보치, 《빅데이터와 개인의 권리》(ABDO, 2016).
M.M. Eboch, *Big Data and Privacy Rights* (Essential Library of the Information Age). ABDO, 2016.
마틴 어윅, 《알고리즘에 따라: 이야기로 컴퓨팅을 설명하는 방법》(MIT 출판사, 2017).
Martin Erwig, *Once Upon an Algorithm: How Stories Explain Computing.* MIT Press, 2017.
제리 프리드맨, 《기업이 당신을 감시하는 방법: 기업 데이터 마이닝과 대기업》(케이븐디쉬 스퀘어, 2017)
Jeri Freedman, *When Companies Spy on You: Corporate Data Mining and Big Business.*
(Spying Surveillance, and Privacy in the 21st Century). Cavendish Square, 2017.
캐롤 핸드, 《인터넷이 역사를 바꾼 방법》(ABDO, 2015).
Carol Hand, *How the Internet Changed History* (Essential Library of Inventions). ABDO, 2015.
민디 모저, 《빅데이터와 당신》(로젠, 2014).
Mindy Mozer, *Big Data and You* (Digital and Information Literacy). Rosen, 2014.
브래들리 스테펜스, 《빅데이터 분석가》(레퍼런스포인트 출판사, 2017).
Bradley Steffens, *Big Data Analyst* (Cutting Edge Careers). ReferencePoint Press, 2017.

박물관

20세기 기술 박물관: 20thcenturytech.com
미국 컴퓨터와 로봇공학 박물관: compustory.com
찰스 배비지 연구소: cbi.umn.edu
컴퓨터 역사 박물관: computerhistory.org
정보화시대 과학 역사 교육 연구소: infoage.org
생활 컴퓨터 박물관: livingcomputers.org
매사추세츠 공과대학교 박물관: mitmuseum.mit.edu
스미스소니언 미국 역사 박물관, 컴퓨터와 수학 전시실: americanhistory.si.edu

웹사이트

CompTIA Association of IT Professionals(AITP): aitp.org
Data.gov: data.gov
Data Science 101: 101.datascience.community
Data Science Central: datasciencecentral.com
IEEE Computer Society: computer.org
National Park Service: nps.gov/index.htm

QR 코드 웹사이트

QR 코드 웹사이트는 본문에 소개된 QR 코드의 원 웹페이지 주소입니다. 타임북스 포스트에 오시면 '앞서 나가는 10대를 위한 과학' 시리즈의 다양한 내용을 확인하실 수 있습니다.

▶ 82쪽   https://afdc.energy.gov/stations/#/find/nearest

▶ 102쪽   http://duelingdata.blogspot.com/2016/01/the—beatles.html?m=1

▶ 102쪽   http://thedailyviz.com/2016/09/17/how—common—is—your—birthday—dailyviz/

▶ 102쪽   https://online.kidsdiscover.com/infographic/volcanoes

▶ 102쪽   https://thelogocompany.net/blog/infographics/psychology—color—logo—design/

▶ 103쪽   https://venngage.com/blog/9—types—of—infographic—template/

▶ 112쪽   http://dynamic.azstarnet.com/crime/

타임북스 포스트

https://post.naver.com/timebookskr

이 도서의 국립중앙도서관 출판예정도서목록(CIP)은 서지정보유통지원시스템 홈페이지(http://seoji.nl.go.kr)와
국가자료종합목록시스템(http://www.nl.go.kr/kolisnet)에서 이용하실 수 있습니다.
(CIP제어번호 : CIP2019046406)

앞서 나가는 10대를 위한
빅데이터

초판 1쇄 발행 2020년 1월 2일

지 은 이 카를라 무니
그 린 이 알렉시스 코넬
옮 긴 이 이다윤
발 행 처 타임북스
발 행 인 이길호
편 집 인 김경문
편   집 최아라
마 케 팅 이태훈
디 자 인 윤주은(앤미디어)
제   작 신인석 · 김진식 · 김진현
재   무 강상원 · 이남구 · 진제성
물   류 안상웅 · 이수인

타임북스는 (주)타임교육의 단행본 출판 브랜드입니다.
출판등록 2009년 3월 4일 제322-2009-000050호
주   소 서울시 강남구 봉은사로 442 (75th Avenue 빌딩) 7층
전   화 1588-6066
팩   스 02-395-0251
이 메 일 timebookskr@naver.com

ⓒ Carla Mooney, 2020
ISBN 978-89-286-4626-5 (44500)
ISBN 978-89-286-4536-7 (세트)
CIP 2019046406